庄司泉

首席蔬食料理家

純植料理美味攻略

Vegan Recipe Book

瑞昇文化

Preface
序言

近年來蔬食者或者純植等詞彙，也逐漸在各媒體介面上嶄露頭角。除了歐美地區風潮帶來的影響，或許也因為這是一種健康而又對環境溫和、可以長久持續下去的飲食習慣，因此在日本也逐漸受到肯定。認為蔬食或者純植是一種時髦生活方式的人也越來越多了。可能是因為這樣，日本這一陣子也忽然增加了許多在菜單中放入純植品項的餐廳，也有許多只使用植物來烹調料理的純植咖啡廳出現。

我長年以來都向大家介紹不使用肉類及魚類烹調的料理，對我這樣的蔬菜料理家來說，我打從心底對於這樣的潮流感到滿心歡喜，另一方面我也更常聽到有人煩惱著「雖然想要作蔬食料理，卻不知道該做什麼好」。可能是主婦、獨居的年輕人等，各式各樣的人都有。當中最常詢問我這類問題的，就是經營咖啡廳或餐廳的專家們。就算想要做蔬食料理，又不知該從何處下手，更何況若是純植的話，就更加不知該如何是好了。

因此才會有本書的企劃。本書會從純植料理的基礎技巧介紹起，並有各式各樣只以蔬菜製作而成的豐富菜單，目的就在於招待更多人進入純植料理的豐富世界。

最一開始的挑戰是非常容易受挫的重點：「分量不足」的煩惱，我將介紹使用大豆素肉等替代品的方式、以及只用蔬菜烹調出的大分量菜單。針對「要如何才能展現出鮮味及濃郁感？」這個問題，則介紹高湯熬煮方式、如何讓鮮味更上層樓、油脂使用方式等。

本書介紹的是完純植食食譜，針對比較特別的食材、不好買到的材料等，書末有材料清單以及店家清單供大家參考。

只要利用一些小技巧，純植料理絕對沒有多麼困難。可以做出與平常的料理沒什麼不同、好吃而且大家都能感到滿足的口味。

若是大家能夠將本書當作純植聖經擺在自己手邊，那就是我身為料理家最光榮的事情。

蔬菜料理家　庄司泉

序言 002

Chapter 1
The Basics of Vegan Cooking
純植料理基礎知識

說起來純植究竟是？ 010
美味純植料理Hint 10 012

Hint 1 前置準備及切菜方式會改變蔬菜。帶出食物美味的方法就在本書
〔Basic〕 014
〔Advanced〕 016
Hint 2 過火的方式也會決定完成度 018
Hint 3 為口味決勝負的一手，學習純植高湯 020
Hint 4 選用增添鮮味的材料 026
Hint 5 正因為是純植，請好好用油 030
Hint 6 讓鹽巴帶出食物鮮甜 032
Hint 7 多個工夫改變蔬菜 034
Hint 8 加入純植料理的好朋友：乾貨 036
Hint 9 完善使用純植材料 038
Hint 10 正因為是蔬菜料理，更要使用香草及香料 044

Tips 1 手工打造純植料理可用的調味料 046
Tips 2 牛奶製品風格也能用純植食譜手工打造 048

Chapter 2
Light Meal
輕鬆款式純植料理

漢堡與托斯卡納薯條 052
油炸鷹嘴豆餅三明治 054
●油炸鷹嘴豆餅 ●鷹嘴豆泥

墨西哥夾餅 056
●車麩絞肉餡料 ●炙燒醋拌豆腐
●酪梨醬 ●莎莎醬
墨西哥薄餅捲 058
●鮪魚風味大豆素肉 ●馬鈴薯沙拉佐香蔥
●茅屋起司風味餡料 ●雞蛋風味沙拉 ●特製辣醬
炙燒蔬菜與起司風味醬料薄餅 060
●薄餅 ●炙燒蔬菜沙拉 ●起司風味醬料
炸丹貝三明治&蛤蜊巧達風味湯 062
炸高野豆腐丼 064
●甜酒釀大蒜醬汁
大豆丼 066
●醋拌雙色高麗菜
純植夏威夷米漢堡 068
●茄子風味漢堡 ●炒蛋風味餡料
●甜菜番茄湯
純植絞肉咖哩&
醋拌迷你番茄與酪梨沙拉 070
純植蛋包飯 072
●番茄飯
大豆素肉大分量番茄肉醬 074
豆腐白醬與當季蔬菜的奶油義大利麵 075
純植千層麵 076
●純植肉醬 ●豆漿白醬
玄米佛陀丼 078
藜麥佛陀丼 079
豆漿鬆餅 080
生乳酪蛋糕 081
●藍莓果醬

Chapter 3 Vegan Full-course

純植套餐

芋頭片與紅蘿蔔沾醬千層派 084

烤茄子搭搭搭醬 086
里考塔起司風味餡料與甜菜沙拉 088
●里考塔起司風味餡料
酥炸裹漿酪梨 089
●紅（黃）甜椒醬
蕪菁濃湯 090
南瓜濃湯 091
杏仁奶冷湯 092
番茄濃湯 093
大豆素肉與磨菇牛排 094
●焦糖洋蔥肉汁風味醬
番茄填肉風味料理 096
巨大磨菇填肉風味料理 097
米蘭風炸豬排風味麵筋 098
●麵筋 ●迷你番茄的番茄醬
藜麥鷹嘴豆肉丸 100
●豌豆香菜醬
紅酒燉大豆素肉&菠菜飯 102
杏仁奶提拉米蘇 104
胡桃酪梨塔 106
●甜酒草莓冰

Chapter 4 Japanese Vegan Food

和食

蔬菜天婦羅 110
純植壽司 112
烤雞風味大豆素肉&雞肉串風味筍子 114
純植醬油拉麵 116
●醬油高湯 ●東坡肉風味車麩
馬鈴薯燉肉風味料理 118
大豆素肉筑前煮 119
鰻魚飯&梅干芹菜清湯 120
蘿蔔（豬）排飯 122

茶碗蒸風味豆漿料理 …… 124
蝦子真薯風味料理 …… 125
炸蝦風味蒟蒻料理 …… 126

Chapter 5 Worldwide Vegan Dish

世界純植

泰式風味椰子咖哩 …… 130
大豆素肉泰式香料飯 …… 132
菇類冬陰湯 …… 133
純植生春捲 …… 134
泰式冬粉沙拉 …… 135
麻婆豆腐 …… 136
●花椒油
純植餃子 …… 138
雞蛋風味炒飯 …… 140
菠菜綠咖哩 …… 142
蔬食香炸雜菜 …… 144
●莞荽印度沾醬
3種印度風味蔬食 …… 146
●南瓜 ●馬鈴薯 ●秋葵
咖哩角 …… 148
●薄荷芫荽印度沾醬
韓式拌飯 …… 150
●攪拌即可的苦椒醬
純植肋排泡飯&簡單泡菜 …… 152
越式三明治 …… 154
●照燒豆腐 ●豆漿磨菇肉醬 ●越南風味魚膾
芒果布丁 …… 156
越式甜湯 …… 157

輕鬆打造純植料理食材清單 …… 158
可買到純植材料的店家 …… 159

Chapter

1

The Basics of Vegan Cooking

純植料理基礎知識

純植料理的規則只有一個。
就是只使用植物性材料來製作。
就只有這樣。
但是要打造成
任何人吃了都覺得滿意的美味，
有幾個很重要的因素。
本章當中會介紹一些
可以應用在主菜、副菜、
日本料理、法國、義大利料理等
各種菜色上，
只需要植物性材料就能夠
創作美味料理的重要訣竅。

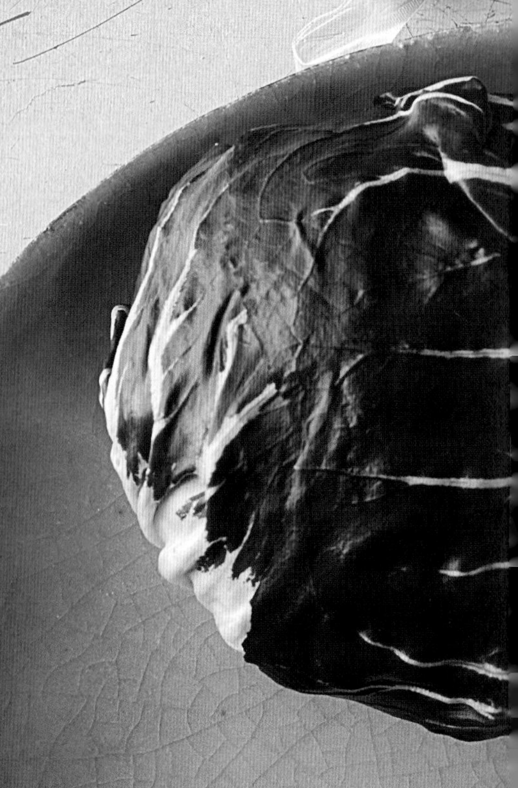

THE BRI
LA FAMIGLIA ORGA
BIO
organic
PURE
ALMOND
MIGDALE·MANDORLA
MANDULA·MANDEL
DRIN
Vegan
NO SUGAR
6%

說起來純植究竟是？

What is a Vegan?

如果有人問「蔬食者是什麼樣的人？」
是不是有很多人自信滿滿的回答「不吃肉和魚的人」呢？
其實這個答案是正確的、但也是錯的。
事實上，也是有吃魚的蔬食者。
蔬食者當中也有很多種類，
而純植是屬於蔬食當中的一種。

Vegetarian
蔬菜
Ovo vegetarian
蛋素
Lacto-ovo vegetarian
奶蛋素
Vegan
蔬食者
Oriental vegetarian
純植
東方素食
Pescatariann
魚素

雖然可以吃魚但是不吃肉的蔬食者稱為魚素。雖然都叫蔬食者，但並非完全不吃蔬菜以外的東西。基本上是不吃牛、豬、雞等動物肉類，依不同情況實際上有許多類型的蔬食者。

蔬食者包含魚素在內共分為5種。雖然不吃魚類及肉類，但是可以吃蛋、起司和牛奶等乳製品的是奶蛋素，這可以說是多數派。在歐美如果提到蔬食者，似乎大多數都是指奶蛋素。

只能吃蛋而不能吃乳製品的則是蛋素。就算都是蔬食者，也會區分可以吃乳製品或者不能吃的人。因此接待客人的時候要非常小心才行。

如果是佛教徒的蔬食者，在日本的分類是屬於東方素食，如同其名大多是東亞、中華圈的人。除了肉類以外，由於宗教理由也不吃被稱為五葷的蔬菜——大蒜、韭菜、蔥、薤、洋蔥。但是，當中也有人是可以吃奶蛋製品的。這類型在中華圈當中稱為素食，有許多專門的餐廳。如果要接待從中華圈來的觀光客時，務必要特別小心。

那麼，純植雖然也是蔬食的夥伴之一，但是純植是除了魚以外，蛋奶製品和所有動物性的東西也不吃。由於只吃植物性的食物，因此當然柴魚高湯、使用雞蛋的麵包等也都不能吃。也有人連蜂蜜都不吃。

健康方面
也有許多優點

最近在歐洲及美國快速增加了許多雖然不是完全的蔬食者，但卻採取彈性蔬食。正如同其命名所示，也就是主要以蔬食為主，但也會因為場所或者心情而食用肉類及魚類。在日本也有「寬鬆素」這種說法，指的應該也是彈性蔬食者。在2018年的蓋洛普調查當中，得知美國人有18%是彈性蔬食者，而這個比例有增加的傾向。

蔬食者、純植者及彈性蔬食者在歐洲一樣有增加的趨勢。會有這樣的傾向，究竟是從何而來的呢？當然也與健康有觀。有許多醫學證據，指出蔬食能夠降低II型糖尿病、心臟病及腦中風的風險。

舉例來說，2020年3月美國CNN報導「吃蔬菜取代紅肉能夠長生」的新聞引發討論。這是由哈佛大學公眾衛生學系的研究團隊，分析37,000個美國人的飲食，發現將每天自肉類攝取的卡路里中5%（大約100kcal）置換為來自植物的蛋白質，就能夠降低糖尿病、心血管疾患及部分癌症等疾病風險。

這類蔬食為健康帶來的優點廣泛為人所知，應該就是最大的理由，不過近年來除此之外，人們對於環境的關心也有很大的功效。

持續之可能性
與蔬食

聯合國糧食及農業組織（FAO）表示，全世界的溫室效應廢氣排放量當中有大約15%是牛、豬等家畜所排放的甲烷（也就是打嗝和放屁!!），這是第二大的排放源頭，比汽車排放的廢氣還要多。

另外，美國臨床營養學會也表示，為了種植飼養家畜需要的耕作地、淡水、能源資源在全世界都是不足的，因此到了最後人類勢必要以全植物餐飲過活。順帶一提要生產出與牛肉及豬肉相同分量蛋白質的大豆，所需要的水、土地都不需要養動物那麼多。而且植物可以吸收二氧化碳排出氧氣。從這類環境持續使用之可能性觀點來看，蔬食這種生活方式也開始受到很高的評價。

2019年由詹姆斯・卡麥隆、成龍等人製作的電影「茹素的力量」在美國上映。你認為這是什麼樣的電影？內容竟然是運動員改為蔬食以後的生活紀錄片。也就是說，那個肌肉壯碩的阿諾史瓦辛格也是一位蔬食者。想來他是為了「要保護地球就別再吃肉」的訊息來製作這部電影的。

由於這些理由，全世界的蔬食者、純植者及彈性蔬食者都有增加的趨勢。就算不使用肉類或魚類，也能做出每個人都覺得美味且滿懷感激的料理，就請用本書確認一下吧。然後打造出能讓許多人快樂用餐的一桌料理。

美味純植料理

Hint 10

不管是多麼優秀的主廚或者擅於料理之人，
第一次挑戰蔬食甚至純植料理的時候，
一定會感到非常困惑。
應該要如何增添分量？
怎麼做才能帶出甘甜及濃郁感？
其實不用擔心，
蔬菜等植物性材料其實處理起來很簡單。
只需要一點小訣竅，
就能夠打造出絕對不會輸給魚肉類等豐富料理的
美味純植料理。

Hint 1

前置準備及切菜方式會改變蔬菜。

p.014-017

沿著纖維切割、切斷纖維等這類切菜的方式，只要稍加改變，蔬菜料理也會有所不同。此節先介紹讓蔬菜變成好夥伴的基本訣竅。

Hint 2

過火的方式也會決定完成度

p.018-019

當然，相同的蔬菜用炒的或用煮的，完成的樣子也會有所不同，就算是一樣長時間過火，用煮的和用燉的也完全相異。

Hint 3

為口味決勝負的一手，學習純植高湯

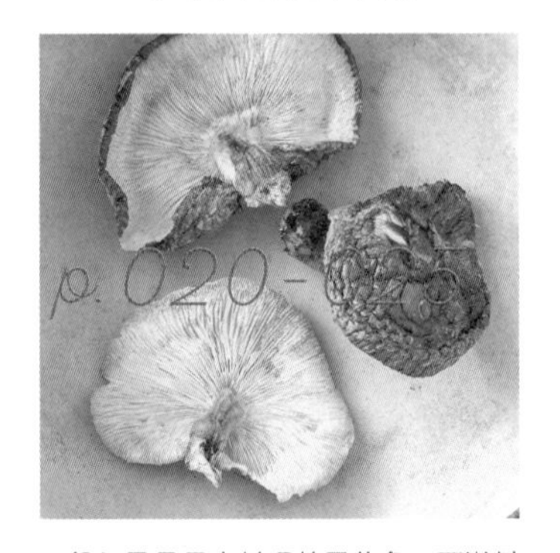
p.020-025

一般如果是日本料理就用柴魚；西洋料理就用雞、牛等燉湯來打底。但是植物基底的純植料理，當然也有對應的高湯。

Hint 4

選用增添鮮味的材料

p.026-029

「不使用肉類及魚類的料理，無法做出鮮味與濃郁感」是一種錯誤的想法。要讓植物性料理產生鮮味，請先從材料思考起。

正因為是純植，請好好用油

要填補植物性材料與動物性材料之間的差異，最重要的就是用油。好好添加油分就是讓人驚豔的訣竅。

讓鹽巴帶出食物鮮甜

除了油以外，絕對不能忘記的就是鹽分調控。鹽的使用方式也能夠大大改變蔬菜料理，使菜色變得更加美味。

多個工夫改變蔬菜

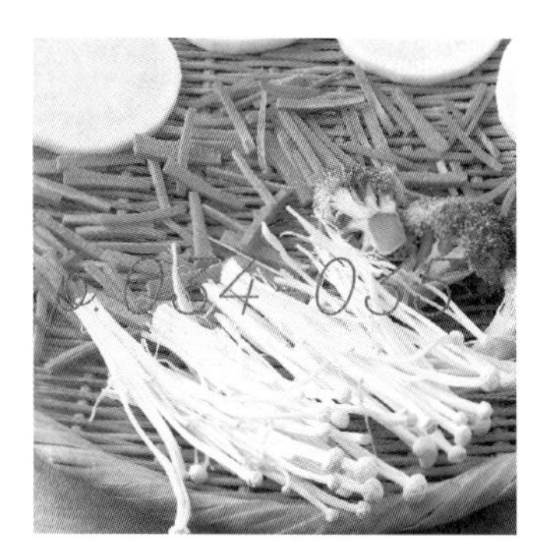

蔬菜是新鮮的最好，這是誰決定的？換個觀點冷凍、或者曬乾來看看。水分的狀態也會改變蔬菜的口感，使料理變得更加美味。

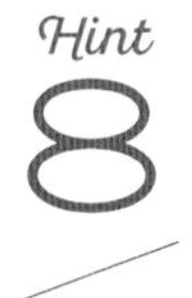

加入純植料理的好朋友：乾貨

乾貨這種材料，能夠一口氣解決純植料理容易發生的各種問題。本書會告訴大家能像魔法一樣讓料理變身的乾貨使用方式。

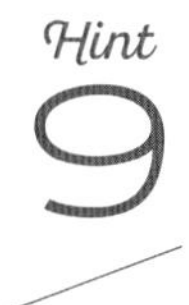

完善使用純植材料

如果有能夠取代肉或者於這類主角的材料，那麼就能簡單做出純植菜色。本書會介紹純植材料的處理方式。

正因為是蔬菜料理，更要使用香草及香料

蔬菜與魚類及肉類相比，很可能會令人覺得比較清淡。因此試著結合香草及香料，讓蔬菜料理給人味覺上的震撼。

Hint 1

前置準備及切菜方式會改變蔬菜。帶出食物美味的方法就在本書

Basic

平常總是做成沙拉、炒一炒或者煮一煮的料理。
有時覺得挺好吃，有時也覺得不滿意。
到底差別在哪裡呢？
其實關鍵就掌握在前置處理上。

讓蔬菜 回歸新鮮狀態

新鮮的蔬菜在新鮮的時候就烹調，當然會非常美味。但是，蔬菜買回來可能就已經過了一段時間，放在冰箱裡一陣子之後也會有些枯萎感。這種時候要盡量讓蔬菜恢復成新鮮的狀態。萵苣等葉菜類只需要泡在水裡；菠菜或小松菜類等則將根部浸泡在水裡幾分鐘，吸了水之後，葉片就會變得非常爽脆。這樣蔬菜也會變得水嫩。就算是之後要拿去煮、炒，只要多這一道手續，就會變得非常美味。

切成相同大小 讓材料均勻過火

不管是用炒的還是用煮的，使用多種蔬菜一起調理的時候，原則上絕對要統一切菜的方式。如果大小不一的話，過火的時候就會有程度不同的問題，有些會有點生、有些則太老，這樣完成品會變得七零八落。如果要切成1cm方形就全部都切1cm方形；要全部滾刀就全部滾刀，最重要的就是盡可能讓大小和形狀接近。如果是要使用根莖類蔬菜搭配葉菜類等過火時間差距過大的材料，那麼請配合時間依序調理。

根據料理需要的完成狀況 來改變切菜方式

蔬菜有纖維。是要切斷纖維呢、還是保留纖維？這會讓料理的完成狀態完全不同。最容易理解的就是洋蔥。切斷纖維會非常容易出水，加熱之後就會變軟。另一方面，如果沿著纖維切洋蔥，就能夠保留爽脆的口感。茄子等果皮較厚的蔬菜也會因為切菜方式不同而有所改變。剛進季節或者軟的東西可以整顆使用、直切使用也很美味；但是到了秋末，皮和纖維都變老的時候，則比較適合切圓片或者隨意的塊狀，將纖維切斷。

沿著纖維切

以洋蔥來說，沿著纖維切的話會留下口感。炒洋蔥或者燉煮料理適合採用這種切菜方式。想留下爽脆口感的時候也可以這樣切。

切斷纖維

切斷纖維之後，洋蔥的口感就會變軟。如果是沙拉或者配菜等，生吃的時候適合採用這種切菜方式。

湯渣保留 不去除

燉煮牛蒡、蓮藕、茄子等一般會說烹調的時候要把湯渣撈掉，但大多數情況下不撈掉也沒關係的。牛蒡的湯渣很容易變黑，其實那是多酚。直接使用完全沒有問題，做燜炒的話其實渣渣很容易自己消失。蓮藕和茄子也一樣，不去除湯渣也可以使用，不過若想做成加醋的白色料理，那就還是把渣渣撈掉吧。

Hint 1

以前置準備及切菜方式 讓蔬菜有肉類的樣子

Advanced

前頁介紹的是讓蔬菜以蔬菜的樣子，使人能夠美味享用的前置處理方式，但這裡介紹的是前置處理的應用。說起來就是讓蔬菜彷彿變成了其他東西的前置處理技巧。

舉例來說，帶有嚼勁的蔬菜可以剁碎、又或者是切成薄片做出一片面積等，切的方式和平常不同，就能讓蔬菜變成像肉類那樣使用。

另外，磨碎也是非常推薦的技巧。試著將平常不會磨碎的蔬菜拿去磨碎，會因為纖維而呈現出肉類的口感。

嘗試各種方式，也能發現許多意外的魅力。

1 剁碎

將蔬菜剁碎以後當成絞肉來使用

提到肉類的替代材料，一般都會想到大豆素肉等大豆產品，但就算不使用那種市售產品，只要換個方式來切蔬菜，一樣可以拿來代替肉類。舉例來說，磨菇或者根莖類蔬菜剁碎以後，就能夠當成絞肉來使用。使用菇類就能做出不輸給肉類的水嫩感，非常適合拿來做漢堡或者餃子等。根莖類蔬菜則有一定硬度，可以做麻婆豆腐或者絞肉醬、塔可飯之類的。要取代絞肉的話，也可以將油豆腐或者炸豆腐剁碎使用。這兩種材料因為含有油脂，因此要做中國風的燉煮料理時可以帶出濃郁感，非常推薦。096頁的填肉料理則是將水煮豆子剁碎以後代替肉類。這樣能夠做出分量感也有鮮味，可以品嘗到不輸給肉類的滿足感。

將蔬菜切成薄片 當成肉片來使用

切成薄片直接拿去炒的話，那就只是炒蔬菜而已，但如果將茄子切成薄片，拿去沾滿麵包粉之後就可以做成炸豬排風格的料理；將蘿蔔切片之後也可以煎或炸，就能做出與肉類不太相同的存在感。122頁的豬排飯等就是使用這類技巧。另外，茄子在吸取油脂以後分量會有所增加，因此也可以大量用油去炒，做成生薑燒肉或者烤肉風味。杏鮑菇或者大磨菇等菇類切片之後也會有不同風味。炒了之後拌上多蜜醬做成酸奶牛肉風格；又或者是做為咖哩、青椒肉絲等的材料，這樣也能增添美味、非常好吃。

磨碎以後 取代肉類

將蔬菜取代肉類做為主角材料的時候，最推薦的方法就是改變蔬菜的形狀，使其與平常的蔬菜料理不同。舉例來說可以像照片這樣，把筍子放下去磨之後就會看到筍子裡豐富的纖維。用太白粉裹起來下去炸之後，會表現出像是炸雞塊的不可思議口感。相同的，如果把牛蒡磨碎，也會因為纖維跑出來而成為非常有趣的材料。另外，山藥或者蓮藕這類具有黏性的材料，在磨碎之後拿去烤、炸，都會出現具有彈性的口感。120頁的鰻魚飯就是很棒的例子之一。

Hint 2

過火的方式
也會決定完成度

蔬菜非常纖細。就算過火的時間一樣，
用烤的和用煮的口味也會大不相同。
以下介紹的是將蔬菜的美味
提升到極限大的過火方式。

用烤網或者烤箱在蔬菜上留下烤痕

如果用熬的或者煮的，蔬菜的美味會流失到湯汁當中。為了要帶出蔬菜本身的口味與個性，最好用「烤的」。用平底鍋或者烤網好好烤過，使其完全熟透，就能夠引出甘甜、讓味道更加深沉。另外，表面有些烤焦也能增添風味。溫蔬菜沙拉或者涼拌菜使用烤過的蔬菜來製作，更是風味絕佳。咖哩、燉肉或者焗烤當中的蔬菜材料，烤過一次再烹調的話，只要多這一道步驟，完成的口味就會大不相同。

讓蔬菜烤到焦黑的程度

不光是留下烤痕，而是烤到讓表面焦黑，也是讓蔬菜變美味的技巧之一。如果是日本料理，烤茄子就是「烤焦」調理法的代表性蔬菜，這除了讓裡面變得柔軟以外，焦黑的皮也能夠增添風味。089頁的炒甜椒也是，秘訣就在於讓甜椒的表面烤到如同照片這樣焦黑。

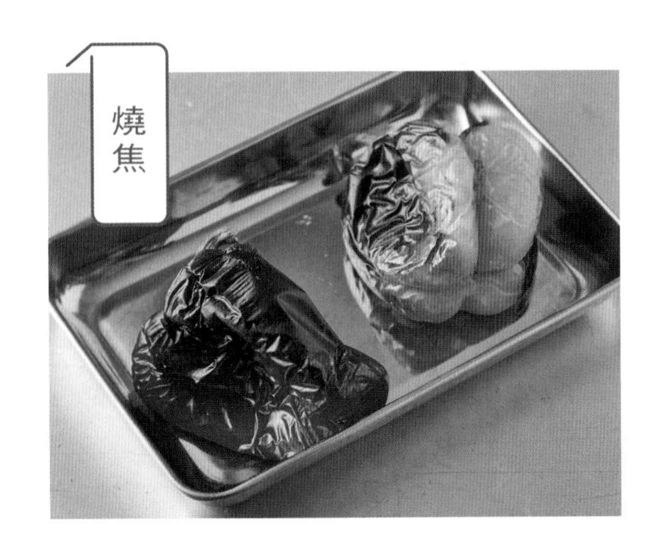

直接火烤 為蔬菜增添風味

使用噴槍或者炭火將蔬菜表面炙燒過，能夠產生獨特風味，與只是烤過的料理完成口味完全不同。114頁的烤雞肉風味料理也使用這個方法，火烤大豆素肉的表面使其稍微焦掉後，就能夠表現出炭火燒烤的風味。甜點等餐點，比如說布丁上面的焦糖也可以烤過，是在想要表現出為苦香風味時使用的技巧。

使其熟透 帶出蔬菜的口味

用鋁箔包起來蒸烤，並非單純的「烤」，還具有使用材料本身的水分來「蒸」的效果。因此口感會變得比較柔軟、甘甜味也會變得更有深度。適合用來處理馬鈴薯、洋蔥、南瓜、蘿蔔、牛蒡、蓮藕等根莖類蔬菜。照片中的甜菜也是適合蒸烤的蔬菜。088頁的甜菜沙拉等，只要先將蔬菜蒸烤過後再調理，其美味將令人感到驚訝。

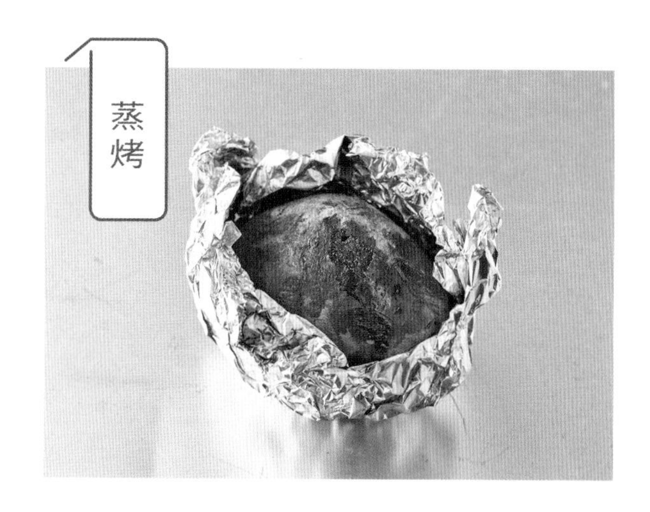

煙燻能夠帶來 蔬菜的全新魅力

「煙燻」也能夠為材料的風味帶來突破性的變化、引出材料全新魅力。提到煙燻，大部分人會想到肉類、魚類、起司等等，但其實這是用來處理蔬菜、菇類等也非常有效的技巧。只要稍微煙薰一下，就能夠有煙燻獨特的風味，料理完成後的口味也會大不相同。杏鮑菇或者茄子切成薄片，用醬油等稍微調個味再煙燻一下，就會有類似培根的風味與口感。

Hint 3

為口味決勝負的一手
學習純植高湯

口味的基底會由高湯及清湯來決定。
如果是普通的料理，會使用魚貝類或肉類製作湯頭，
但純植料理會使用菇類、蔬菜及乾貨。
根據料理領域及想打造的口味
來區分純植湯頭的使用時機吧。

1 昆布高湯

▶ 能使用在所有料理上 非常方便的高湯

日式、西式、中式都能夠使用的方便高湯。沒有突出的氣味，添加大蒜或生薑就會變成中華風；加香草就是法式湯，能做出多種表現。高湯用的昆布有日高、利尻等許多種類，建議使用的是口味均衡、價格也比較平實的真昆布。昆布的量越多，熬出的高湯就越濃。

●材料
完成量約700ml

高湯昆布…15～25g
水…850ml

●製作方式

1. 將昆布擰乾後用布巾或者廚房紙巾等將汙垢擦掉，用廚房剪刀剪出幾個口。
2. 將昆布與水放入鍋中，浸泡一個晚上。
3. 開小火，沸騰前將昆布撈起。

使用鮮味濃厚的香菇來製作高湯

鮮味比昆布更重的就是香菇。一般會使用乾燥香菇來製作高湯，不過生香菇或者以烤箱乾燥的香菇、用太陽曬乾的香菇也都能拿來製作高湯。

❶ 乾香菇

●材料
完成分量約700ml
乾香菇…40g
水…1000ml

●製作方式
將乾香菇與水放入鍋中，開小火熬煮。沸騰1分鐘之後關火，取出香菇。

＊香菇在乾燥之後風味會大為提升，因此適合使用在中國料理、東方料理等口味強烈的料理上。和昆布高湯調和在一起之後，口味會變得更深奧。

❷ 乾燥菇類高湯

●材料 完成分量約180ml
菇類（香菇、舞菇、鴻喜菇等）
…合計100g
水…200ml

●製作方式
1 將菇類撕開，於太陽下曬半天。或者放入110℃的烤箱當中烤40分鐘去除水分。
2 將步驟1的菇類放入鍋中，加水以後開中火，熬煮大約10分鐘。
3 以濾網過濾後使用。

＊稍微乾燥或者以烤箱加熱去除水分，是濃縮材料甘甜的技巧。香氣不像乾香菇那樣強烈，而是較為優雅的風味。可廣泛使用在日本料理、義大利料理及法國料理上。

❸ 生菇類高湯

●材料 完成分量約 200ml
菇類（香菇、鴻喜菇、金針菇等）
…合計100g
水…200ml

●製作方式
1 將生菇類大致上切一下放入鍋中，加水。
2 以中火熬煮10分鐘左右，用濾網過濾。

＊在3種製作香菇高湯的方式當中，這是風味最為高雅又清爽的。風味會隨著使用的菇類相異而有所不同。如果使用香氣較濃的秀珍菇等，即使只有植物性材料也能做出濃郁高湯。

Hint 3

為口味決勝負的一手 學習純植高湯

乾貨高湯

使用日本傳統乾貨製作高湯的技巧

蘿蔔絲乾或者乾香菇等乾貨，由於將材料的水分去除，因此鮮味會更加濃縮。這可以說是最棒的高湯材料。

使用日本自古便有的乾貨來製作高湯的技巧，能夠廣泛應用在日式、中式、西式等各種料理上。如果想活用蔬菜的風味，最為推薦這種高湯。

❶ 大豆高湯

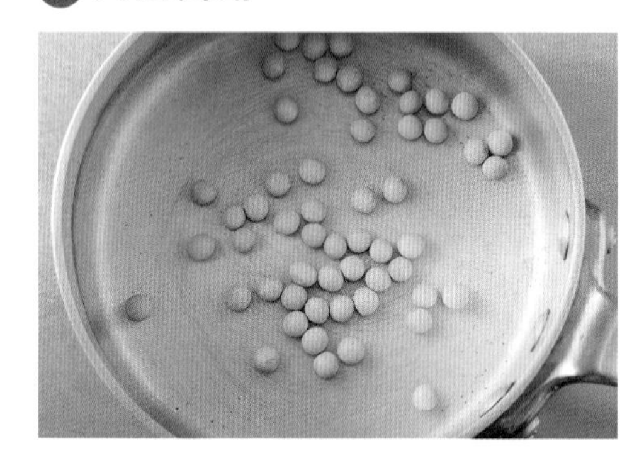

●材料 完成分量（350ml左右）

大豆（乾燥商品）…50g

水…400ml

●製作方式

1 以小火乾煎大豆，不要讓大豆燒焦。

2 將水倒進步驟1的鍋中稍微煮一下之後關火。

＊時間充足的話就繼續靜置幾小時，這樣味道會變的更濃郁。大豆高湯使用乾燥的大豆會比熬煮大豆具有更濃醇的風味。雖然有深厚的鮮味，卻沒有太過突出的氣味，因此除了用來製作日本料理以外，也能夠應用在咖哩、燉肉、湯品等西式料理上。

❷ 素食高湯

●材料 完成量（700ml左右）

昆布…10g

乾香菇…7g

無漂白瓢瓜乾…10g

蘿蔔絲乾…3g

紅豆…10g

大豆…15g

水…1000ml

●製作方式

1 將昆布擰乾後用布巾或者廚房紙巾等將汙垢擦掉，用廚房剪刀剪出幾個口。將乾香菇、瓢瓜乾、蘿蔔絲乾、紅豆、大豆稍微洗一下。

2 將步驟1的材料都加入水中，靜置一晚。

3 將步驟2的鍋子放在火上，以大火加熱到接近沸騰，撈起湯渣後以小火熬煮20分鐘，以濾網過濾。

＊非常高雅的高湯，可以使用在所有料理上。熬完高湯的昆布和香菇也能做佃煮。瓢瓜乾及蘿蔔絲乾可以煮過以後做成拌飯材料、或者用來炒菜。豆類可以活用在沙拉或者豆類拌飯中。

蔬菜高湯

直接使用蔬菜來製作高湯

純植料理的主角蔬菜，也可以拿來製作高湯。

舉例來說番茄等具有鮮味的蔬菜，就能夠製作出口味濃厚的高湯，將現有的蔬菜都切碎以後用水仔細熬煮出來的菜雜高湯也非常美味。使用了不同種類的蔬菜就會有著相異風味這點也非常有趣，是製作時讓人感到開心的重點之一。

① 番茄高湯

● 材料 完成分量（150ml左右）

番茄…100g
水…200ml

● 製作方式

1 如果使用迷你番茄，就拿掉蒂頭以後切幾刀口子，和水一起放入鍋中。如果使用普通尺寸的番茄，那就切大塊。

2 開中火，沸騰之後煮7～8分鐘，以濾網過濾。

＊如果使用迷你番茄，會做出金黃色的高湯。這要過濾後使用。切大塊的番茄會煮爛，可以直接當成湯頭的一部分，也可以過濾後作為番茄色的高湯使用。番茄含有大量鮮味成分麩醯胺酸，雖然有點意外，但其實和日本料理非常搭調。當然也非常適合作為西式料理的基底。

② 菜雜高湯

● 材料 完成分量（300ml左右）

蘿蔔、高麗菜、紅蘿蔔、洋蔥等
現有蔬菜…合計200g
水…400ml

● 製作方式

1 所有蔬菜都切細絲，又或者是剁碎。

2 將步驟1的材料放入鍋中加水，開中火。

3 沸騰之後以小火熬煮15分鐘左右，以濾網過濾。

＊會浮出湯渣的蔬菜不適合製作這類高湯，其他就沒有限制。訣竅是切成細絲或者剁碎。切面越多就越容易煮出味道，因此不要省下這個步驟。蔬菜的皮或者切除不用的部分也可以拿來煮高湯，不過這樣重點就是一定要切到非常細碎。使用哪些蔬菜會決定高湯的風味，因此可以根據料理來選擇口味甘甜的蔬菜、或者略帶辛辣味的蔬菜等，以不同方式來使用是最好的。

Hint 3

為口味決勝負的一手
學習純植高湯

1 隨煮高湯

快速煮一下 就是高湯了

最近就連市售的顆粒昆布即溶高湯，也越來越多不使用動物性材料的商品，使用這類商品也是方法之一。鹽昆布、高湯粉或者顆粒昆布茶這類只要加熱水就能使用的即溶高湯也可以使用。另外，將煮過豆子的水煮湯拿來使用也是個好方法。鷹嘴豆、小扁豆等也都行。毛豆、蠶豆、豌豆等新鮮豆類煮過以後，鮮味也會溶解在水中，非常美味。

① 蘿蔔絲乾絲高湯

如果要製作一人份的高湯，就把一撮蘿蔔絲乾絲（約7g）放入小鍋中，加入一碗湯量的水，快速煮到滾。將蘿蔔絲乾絲撈出以後，煮湯就可以直接作為高湯使用。這種高湯有甘甜味及日曬香氣，除了煮味噌湯以外，也能用來作為冬陰湯等東方料理的湯頭。如果不是煮一下，而是仔細熬煮5～6分鐘、熬出甜味的話，也很適合用來作為燉煮馬鈴薯、沾麵醬等希望甘甜味較強的料理用高湯。撈出來的蘿蔔絲乾也可以活用在沙拉或者炒菜上。

② 梅乾高湯

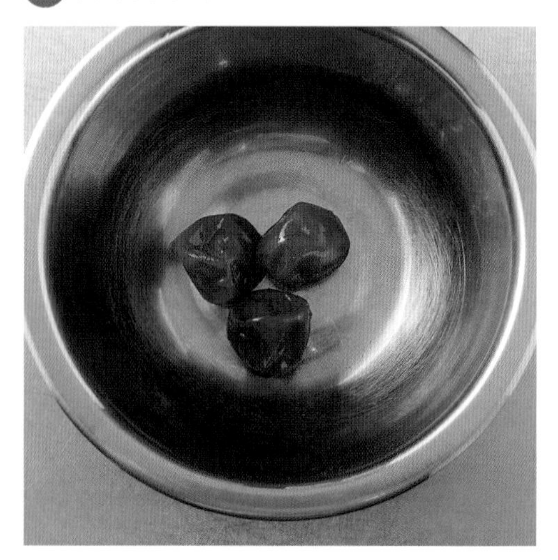

熬煮梅乾會發現除了酸味及鹽味以外，其實也有著鮮味，可以用來作為高湯使用。一人份大約是中等大小的梅乾1個，放入小鍋中添加一個湯碗量的水之後，用長筷將梅乾弄破的同時加熱，煮滾之後就OK了。可以加入切碎的鴨兒芹或者海苔、又或海帶片、蔥等，搭配自己喜歡的材料，做成帶有酸味的清湯。另外，如果將蘿蔔、牛蒡、蓮藕等根莖類蔬菜與梅乾高湯搭配在一起，就能夠帶出一股清爽口味。梅乾可以保存很久，因此常備在手邊就會很方便。

③豆芽菜高湯

聽到我說要用豆芽菜做高湯，也許很多人都感到意外，但其實蛋白質豐富的豆類都能夠做出不錯的高湯。將豆芽菜放入鍋中，注入剛好蓋過豆芽菜的水量之後開中火。沸騰之後熬煮幾分鐘就完成了。將豆芽菜取出後的湯汁就能夠作為高湯使用。湯頭帶有鮮味與甜味，除了用來做清湯、味噌湯、燉煮用湯頭以外，其實有著深奧的口味，也很推薦用來做拉麵。這非常適合用來作為清爽的鹽味拉麵湯頭。搭配蔥蒜等辛香料稍微煮一下，口味就會更有深度。

④細絲昆布高湯

將市售的細絲昆布用手抓一撮放入鍋中，加入湯碗一碗量的水之後煮開。又或者直接將細絲昆布放入碗中，加熱水也可以。非常適合搭配烏龍、麵條、清湯用的高湯或者味噌湯、燉煮料理等。細絲昆布可以直接當成湯料來享用。另外，如果想為料理多添加一些味道，使用細絲昆布也非常方便。如果覺得昆布高湯或者燉煮料理不夠濃郁，只要稍微加一些細絲昆布，就能讓口味變得非常有深度。

Hint 4

選用增添鮮味的材料

純植料理初學者最為煩惱的，
就是「鮮味不足」。
就算只有植物性材料，只要
好好採用鮮味濃度高的材料便能輕鬆解決。

1 番茄

和昆布具有相同的鮮味濃縮的成分能大有幫助

習慣肉類及魚類豐裕口味的人，可能會覺得植物性材料有點無法令人滿足，這個時候就要使用番茄。番茄和昆布一樣，富含麩醯胺酸。番茄醬、番茄湯、燉番茄等，不同國家都有各種番茄料理，雖然調味簡單卻都非常美味，就是由於番茄本身便具有鮮味成分。如果覺得純植料理的味道不太夠，可以試著添加番茄，或者把番茄果泥、番茄醬當成調味料來使用，味道會變得更有深度。

Point 燉煮料理也可使用番茄

蔬菜燉煮料理可以使用切成大塊的番茄來代替高湯或者水分。照片上是燉煮馬鈴薯。將切大塊的番茄與馬鈴薯一起熬煮。這個做法不需要使用高湯。只要用鹽巴及醬油調整口味就非常鮮美。

鮮味十足風味絕佳。將菇類加入料理中

提到有鮮味的植物性材料，當然就是菇類了。如同Hint 3當中所介紹的，菇類的鮮味足以可以拿來製作高湯。香菇、舞菇、鴻喜菇、磨菇等都風味豐富且鮮味十足。不管是烤了之後直接食用、或者淋上檸檬汁都很美味，只不過炒一炒或煮一煮也都好吃到令人驚訝。最推薦的就是把菇類取代肉類來使用。剁碎之後就可以像絞肉一樣做成丸子或漢堡排，也能夠拿去做成麻婆豆腐或者肉醬。菇類有著與肉類不同的多汁感及絕佳風味、口味也很傑出。不會讓人覺得少了點什麼。另外，蔬菜的燉煮料理或者湯類當中如果添加了菇類，就會因為高湯而使口味更有深度。

Point 炸一下菇類，提升鮮味

菇類炸過以後會去除水分、使鮮味提升。炸過的金針菇或舞菇、鴻喜菇等也可以試著加進沙拉或者燉煮料理當中。

要使用菇類代替肉類，首先請剁碎。之後就和絞肉以相同的方式處理。由於菇類並沒有像肉類那樣的黏性，因此要做成丸子之類的就請加上麵粉等來黏成一球。

1 菇類

Hint 4

選用增添鮮味的材料

富含鮮味成分麩醯胺酸。與肉類不同的美味

純植料理當中經常使用豆類。除了是作為取代肉類及魚類的蛋白質來源以外，還有另一個理由。就是豆類富含鮮味。大豆、鷹嘴豆、小扁豆等豆類，都富含著麩醯胺酸等鮮味成分，因此與肉類的鮮味不盡相同，會有不同的美味。製作高湯的時候可以添加一些乾燥或者水煮的豆子，或者燉肉、咖哩這類燉煮料理加點豆子，這種把豆類加入菜色中的料理手法能讓口味更有深度，也可以增添料理分量。如果用水煮乾燥的豆類，還請絕對不要丟掉煮湯。那是風味濃郁、可以用來作為高湯的材料。

Point 若要將豆類替代肉類使用

請將鮮味十足的豆類當成肉類來使用。只要剁碎就能和絞肉一樣做成肉醬或者塔可飯。搗成泥也可以做成肝醬或者肉泥那樣的材料。用小麥粉將其糊在一起拿去烤，就是分量十足的排類料理。

昆布及海帶等海藻類材料
就是鮮味化身

海藻類富含鮮味成分之一麩醯胺酸。大家都知道昆布可以製作高湯，除了日本料理以外，也希望大家能夠應用在蔬菜咖哩、燉煮料理等作為蔬菜料理的基底口味。另外，海帶及鹿尾菜等也富含鮮味。除了製作高湯以外，也可以加入煎炒料理當中，如果覺得燉煮料理或者湯類的味道不太夠，也可以添加細絲昆布等來增添些許味道。提到海藻類，很多人會覺得應該是日本料理，但其實海藻類與橄欖油、番茄、大蒜等也都非常對味，也能夠作為義大利麵的材料。

Point 炒蔬菜也可以添加海藻

炒蔬菜通常會和叉燒、豬肉一起，拌炒則會搭配培根，不過就算不依賴動物性材料的鮮味也沒關係，只要添加海藻就沒問題。炒蔬菜當中添加海帶或者鹿尾菜就能增添濃郁感。就算不泡開，只要洗過直接使用，一樣鮮味十足。

Hint 5

正因為是純植，請好好用油

肉類及魚類等動物性材料
與植物性材料最大的不同，就是油脂含量。
只要為蔬菜、菇類與海藻類等補上足夠的油脂量，
就算只有植物性材料，也能作出豐裕感十足的料理。

請積極使用油脂含量高的材料

如果覺得蔬菜料理似乎有哪裡不太夠味的話，那麼可能是因為油脂量不足。會覺得肉類好吃，是由於那溶於口中、使人感受到多汁的油脂。在調理過程中添加油脂的技巧很多，不過請先在材料上頭下一點功夫。不要單純將含有大量油脂的堅果類灑在沙拉上當裝飾，而是將它們剁碎加入燉煮料理或拌炒料理當中、也可以搭配涼拌菜或者磨成泥以後，加入不含動物性材料的漢堡排及餃子當中。含有大量油脂的酪梨還可以增添分量，也非常適合。

要增添分量感就炸一下蔬菜

要增加分量感，最簡單的方法就是拿去炸。用高溫油炸可以將蔬菜的鮮味封鎖起來。用素炸的也很不錯。將快速過油的蔬菜拿去炒的話，也不容易出水。素炸的蔬菜用來做涼拌菜或者沙拉、又或燉煮料理當中也不錯。使用素炸的菇類和蔬菜一起做蒸飯的話份量十足，若是作為咖哩的材料，那麼先炸過再燉煮，就算沒有肉類也有著令人驚訝的鮮味。

油炸

直接淋在沙拉或料理上
增添分量

將橄欖油琳在沙拉或者義大利麵上；把麻油淋在東方料理或中華料理上，就能夠大為提升分量且風味絕佳。青椒肉絲等要用炒的菜色，淋上麻油或菜籽油也能夠馬上提升分量。咖哩或（燉煮類）湯品風味可以用橄欖油或米油、奶油風味的白醬燉菜或者焗烤，加上一匙椰子油也會更加美味。

補充油脂
多汁又豐裕

如果希望料理變得比較類似肉類及魚類的豐裕感，那麼就補充油脂吧。舉例來說讓高野豆腐吸收油脂後再煮。在事前處理的時候就添加油脂讓豆腐吸收，除了能讓材料變得多汁又口感豐裕以外，也比較不會有乾巴巴的口感。大豆素肉、車麩、板麩等等，這類麩製作的產品也都是相同道理。蔬菜不會吸油，但如果能夠先拌一下油脂再進行調理，口味也能更具深度。

在平常的熬煮菜色中
試著加上大量油脂

火上鍋等熬煮蔬菜的料理，如果希望能夠有較為豐裕的口味及分量感的話，也非常推薦添加油脂。稍微從週邊淋下去也是個好辦法，不過也可以試著加到感覺像是用油在煮的分量。$1/2$個高麗菜至少要加50ml，又或者是加更多的油之後蓋上蓋子蒸煮。這樣會變得非常入口即化又甘甜，只要稍微灑點鹽就是很棒的料理。

Hint 6

讓鹽巴帶出食物鮮甜

蔬菜料理有時總是令人不太滿意，
可能是缺少了鹽分。
鹽味是讓人滿足的重要因素之一。
以下介紹的是適當使用鹽巴的方式。

鹽巴用得比平常多一些

在水煮青菜的時候如果希望能夠帶出蔬菜的美味，那麼我建議在用鹽的時候可以放得比平常多一些。一般說來義大利麵是1L水放2小匙左右的鹽巴，若煮的是蔬菜，那麼至少也得要這麼多，或者是放更多鹽。這樣能夠帶出蔬菜的甘甜。另外為了要讓蔬菜能夠維持鮮豔色彩，水當中的鹽分也必須要有2%以上。如果要先煮好菜豆或者花椰菜等用來做沙拉的蔬菜，那麼好吃的秘訣就在於事前煮的時候，鹽量就要加到讓人吃的時候能感受到鹽味才行。

豪爽灑上鹽巴帶出甘甜味

要帶出蔬菜的鮮味與甘甜味，最適合的調理方式就是用蒸的。這樣一來，美味及營養都不會流失到水煮用的湯汁當中，因此用蒸的會比用煮的口味來得有深度。如果希望能夠美味一些，可以在蒸之前豪爽的在蔬菜上灑鹽。灑得多一些讓人品嘗時能感受到鹽味也不錯，但少量到感受不到鹽味、真的只灑了一點也OK。灑了鹽以後能夠排除多餘水分。如果是南瓜或者番薯等甘甜蔬菜，甜味將更為顯著。

加一撮鹽提升炒菜及煎煮的鮮味

即使是炒菜或者煎煮等最後會好好調味的情況，也建議在剛開始炒的時候就稍微灑上一些鹽巴。如果炒蔬菜要將許多不同種類的蔬菜炒在一起，舉例來說通常會依照過火所需時間將洋蔥、紅蘿蔔、高麗菜、豆芽菜下鍋，這種情況可以在每下鍋一種蔬菜就灑一些鹽。這時用鹽並非調味用途，而是為了讓蔬菜釋出多餘的水分，藉此提升鮮味。為了不要讓整體變得太鹹，用量絕對不能過多。不過若炒的是菇類等水分較多的材料，那麼鹽巴多一些也沒關係。如果想讓紅蘿蔔或者南瓜等蔬菜更加甘甜，重點也在於用多一些的鹽巴。

蔬菜切好就灑鹽放著提高保存性

如果要做淺醃漬或者涼拌菜的時候是一定會在蔬菜上灑鹽，但就算不是要醃漬，「先灑好鹽巴」也是非常有效的。舉例來說紅蘿蔔絲。在切絲以後稍微灑點鹽，靜置1～2小時之後就完成了。這樣一來可以去除多餘的水分、也能讓味道變得更順口。製作沙拉的時候也是，如果先在紅蘿蔔等蔬菜上灑一些鹽巴，就能夠享用與爽脆萵苣不同的口感。如果要炒或者煮，都建議先灑上少許鹽巴。若是要保存或者醃漬的話，大概需要蔬菜重量的2%，如果只是要改變蔬菜的口感，大概1%就夠了。

Hint 7

多個工夫
改變蔬菜

蔬菜作為材料，只要多下一道功夫
就能像魔法一樣讓口味有戲劇性的變化。
那就是冰凍它們、或者曬乾它們。
這些原先用來保存食物的方法也能大為活躍。

冰凍蔬菜

冷凍之後纖維會變柔軟 為口感帶來極大變化

將冷凍蔬菜用來烹煮或者拌炒，蔬菜會在短到令人驚訝的時間內就熟透並軟化，有不一樣的絕佳風味。燉煮蘿蔔或者牛蒡等根莖類料理只需要5～10分鐘就能做好，普羅旺斯雜燴也只需要短時間就能完成。另外由於纖維變得較為柔軟，因此還有個優點就是更容易入味。要注意的地方就是解凍之後一定會出水，如此一來其美味也會隨之流失，不過若是用炒的或煮的，在冷凍情況下直接烹調就不會有問題了。這樣可以保持原有的美味。

Point 冷凍必須先切成要使用的狀態

冷凍的時候不要整個放進冷凍庫裡，務必要先切成預定使用的形狀。如果有多餘的水分就會在表面結霜，因此可以稍微擦拭過斷面再冷凍。放進保存袋裡並盡可能抽去空氣。確保密封狀態避免蔬菜沾染到其他東西的氣味。

去除水分讓口味具深度 轉為鮮味及甘甜味

將蔬菜曬乾，原先是一種用來保存食物的智慧。在太陽下曬2～4天充分去除水分以後，就可以長期保存。能夠曬乾的除了蘿蔔以外，紅蘿蔔、花椰菜、牛蒡、蓮藕、蕪菁等各式各樣的蔬菜和菇類都可以。花個幾天時間完全去除水分以後，就能夠輕鬆用自家的曬蔬菜來製作燉煮料理或者湯品。也很推薦大家可以花費幾小時到一天左右的時間做「微曬」。雖然水分沒有完全去除，但是蘿蔔、蓮藕排、蕪菁和花椰菜等蔬菜只需要稍微曬一下，在拌炒的時候口感會更好、也不容易出水，能做成口味清爽的菜色。另外，口感也會比較軟。

Point 曬乾的蔬菜不需要泡發

切絲的蘿蔔絲乾和乾香菇等自己製作的乾燥蔬菜不需要特地先泡發。不管是燉煮類或者湯品，都不需要泡開來，只要加進去就好。蔬菜會在湯頭當中自己泡開。炒菜或者拌菜類也會在烹調的時候由於其他來源的水分而恢復，不需要特地先泡開。

曬乾

Hint 8

加入純植料理的好朋友：乾貨

乾貨是純植料理的好夥伴。
具有不輸給魚類及肉類的鮮味、
以及口感和嚼勁。
使用乾貨來打造出美味的純植料理吧。

1 提高餐點分量

高野豆腐及麩是提高分量最好的材料

乾貨在純植料理當中是主角等級的材料。高野豆腐及麩的蛋白質豐富、脂肪少，是非常好消化的材料。如果希望餐點分量能夠不輸肉類料理，那麼就將這些材料與油品搭配在一起吧。高野豆腐及麩都不需要泡發、可以直接使用，或者泡發之後素炸然後放進燉煮等料理當中，會讓整個餐點有著驚人的濃郁感及份量。車麩可以燉煮後打造成五花肉的樣子；板麩可以取代薄肉片加入翻炒菜色或者燉菜當中，只要花點功夫就能夠使用在各式各樣的料理當中。

Point 素炸高野豆腐或麩

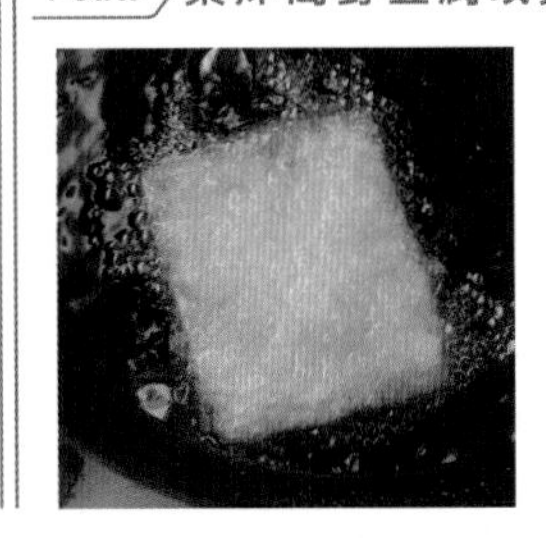

高野豆腐及麩都可以直接大膽放下去炸，又或者泡開之後好好擰乾再炸，讓材料飽含油分以後，就能夠打造出不輸肉類的濃郁感。以普通的高野豆腐製作燉煮料理的時候也是一樣，炸過之後再煮會更加多汁。

蔬菜及海藻等乾貨能帶出料理的鮮味

乾貨區分為兩大類，一種比較適合用來增添分量、另一種則適合提出料理的鮮味。而海藻、菇類、蘿蔔和瓢瓜等蔬菜乾貨就屬於後者。只要把材料曬乾去除水分以後就能製作為乾貨，由於去除了水分，因此會將蔬菜當中與魚類及肉類不同的美味整個濃縮起來。較常使用來製作高湯的是乾燥昆布或者香菇，但若使用蘿蔔絲乾、乾燥海藻等能夠製作高湯也能做為湯料的材料，便能夠擴大蔬菜料理的廣度。舉例來說，在燉蘿蔔與馬鈴薯當中不加肉，而是添加蘿蔔絲乾、又或者在翻炒料理中加入海藻類。除了日式料理以外，也可以用橄欖油搭配乾貨，應用在西式料理當中。

Point 覺得少了點什麼，就用乾貨補

蘿蔔絲乾會釋放出甜味，因此不使用味醂或者砂糖也非常美味，優點甚多。如果是中華料理，可以在滷汁當中加入切片的乾香菇、或者把瓢瓜乾放入燉番茄當中，如果覺得少了點什麼，就用乾貨補上。

完善使用
純植材料

製作純植料理的時候，
最快速的方式就是
直接把肉類及魚類替換成植物性材料，
首先向大家介紹最基本的材料，大豆素肉。

1 大豆素肉

植物性材料當中最具代表性的選手，就是以大豆加工製作而成的大豆素肉。除了營養方面與肉類相去不遠以外，是有著更多優點的材料。

首先，大豆素肉的蛋白質非常豐富。大豆的胺基酸等級與肉類相去不遠。而且屬於低糖質及低脂肪性材料。另外還能夠攝取到食物纖維、維他命B群、異黃酮、saporin、卵磷脂等原先大豆具備的營養素。口感上也不會比肉類差，具備充分的口感。作為主菜能夠令人有充分的滿足感。

市售商品除了乾燥的，最近也在超市當中看到已經泡開來調好味的產品。後者可以作為直接與一般肉類以相同的方式處理，但若是乾燥商品就要先泡開來才能使用。選擇使用哪種端看個人喜好，不過我比較推薦購買乾燥商品，比較好保存、又能夠調理成自己喜歡的口味。

調理的基本

顆粒款、塊狀款等形狀也非常多變化

在超市的乾燥商品區會看到各式各樣的大豆素肉，一般來說就是照片上這兩種形狀。右邊顆粒款比較容易泡發，使用上很輕鬆。製作麻婆豆腐或者肉醬的時候請使用這種商品。左邊整塊的有時候也被稱為肉塊款，可以利用其形狀製作成炸機雞塊或者糖醋風味的料理。使用上要先加水泡開。右頁介紹冷水泡發、熱水泡發等各種泡開的方式。

① 冷水泡發

這是和乾貨一樣的處理方式，使大豆素肉飽含水分、恢復原先的樣子，成為適合調理的狀態。基本上都是用冷水泡發。淋上大約蓋過材料的水，塊狀的話大概20分鐘會泡開。顆粒狀只需要3～5分鐘，很快就好。泡開雖然需要花一點時間，但是這樣能讓材料具備充分口感，適合用來處理希望能夠吃起來像肉類、有口感的料理。不過比較麻煩的是會留下大豆的氣味。

② 熱水泡發

將大豆素肉放到大碗裡，淋上足夠的熱水來泡發。這樣泡發會比冷水泡發來得快許多，時間上會因為形狀而有所差異，不過大致上來說塊狀也只需要6～7分鐘，顆粒狀大概連3分鐘都不需要。熱水泡發的優點就是非常快速，以及緩和大豆的氣味。不過口感上很容易變得過於柔軟，如果要製作的菜色需要口感的話，就不建議使用熱水泡發。

③ 煮開泡發

將熱水和大豆素肉一起放入鍋中，以中火一邊烹煮一邊泡開。這會比熱水泡發速度更快，塊狀大概只需要3分鐘左右，顆粒狀則馬上就能復原。優點當然是快速。另外，也是最能夠去除大豆氣味的方法。如果真的很不喜歡大豆氣味，可以用大量熱水煮一下，那麼幾乎不會留下大豆的氣味。不過這也是會讓口感消失最多的方法，大概是唯一的缺點。

Point 好好清洗！

最推薦的還是冷水泡發。氣味的問題只要好好清洗就可以解決。泡水泡到中間已經軟化，就把泡開用的水倒掉。好好擰乾大豆素肉以後，再次放入水中搓揉清洗。多次換水清洗之後，就能夠保留口感卻不帶有大豆氣味，是拿來烹調的最佳狀態。

Hint 9

完善使用 純植材料

讓料理更美味的2個技巧

Technique_1 補充油分

大豆素肉的口感重點就在於非常接近肉類，但卻有個與肉類絕對不同之處。那就是油脂稀少。因為是以大豆製作，所以多少會含有些許油脂，但絕對沒有像肉類那樣具備多到可以流出來的脂肪。因此在前置準備階段就先將這些油脂填補回去，就是讓大豆素肉料理更加美味的關鍵。要為大豆素肉補油，最直接的方式就是油炸。如果希望料理有一定分量、又想做的口味濃郁一些，那就將大豆素肉炸過以後再拿來使用。如果想把大豆素肉當成絞肉來用的話，那就稍微過個油。這樣可以防止大豆素肉吸取過多湯汁。如果覺得很麻煩，製作的菜色並不需要大分量的話，那麼也可以快速翻炒一下就好。

1 油炸補油

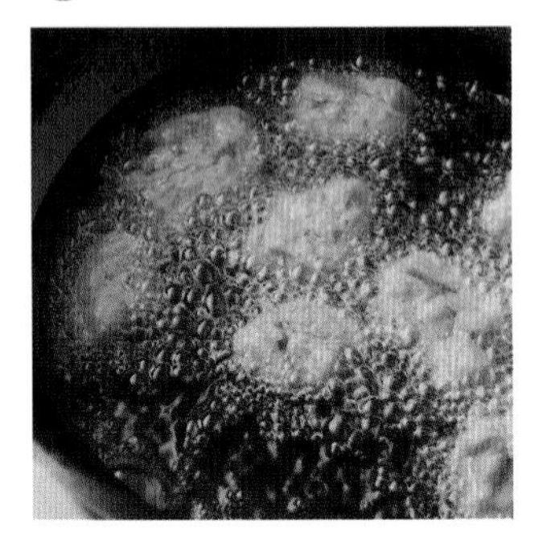

若要以大豆素肉製作炸雞塊、炸魚、天婦羅等油炸菜色，只要調理方法適當、讓大豆素肉飽含油脂，便能夠做出不遜於多汁肉類的成果。另外，除了油炸菜色以外的料理，比方說燉煮或者翻炒料理，也不需要另外沾麵衣或者麵包粉，只需要把泡開的大豆素肉素炸一下就能夠使用了。這樣就能做出令人感到驚豔的濃郁及鮮味。

2 顆粒狀就過油

肉醬、塔可飯、麻婆豆腐等，需要燉煮或者翻炒絞肉的菜色，如果只把大豆素肉泡發的話，大豆素肉會吸收全部的水分，將無法做成應有的樣子。為了防止這種情況，泡發之後要過一次油。油脂會保護大豆素肉，使大豆素肉不會吸取多餘湯汁，也能夠打造出一咬就有湯汁的美味。

3 翻炒吸油

如果覺得用炸的很麻煩，又或者料理當中不需要那麼多油脂的話，就快速的翻炒一下。適合使用這個方法的，是肉丸子、漢堡排以及燒賣等要捏成其他形狀的料理。如果要將大豆素肉塑造成其他形狀，考慮到原先就沒有黏性了，如果飽含油脂會更加不黏，因此只要用油翻炒一下就好。

Technique_2 事前調味

大豆素肉與肉類最大的不同，除了油脂以外還有另一點，就是「鮮味」。大豆素肉並不像肉類那樣具有強烈的鮮味，因此以調理肉類的方法來烹調大豆素肉的話，吃的時候多半會覺得有些索然無味。除了以左頁的方法讓大豆素肉飽含油脂來增添風味以外，如果希望能夠多些鮮味但又不想要油脂，那麼就好好做事前調味吧。如果是日式料理就用醬油或酒、西式料理就用清湯或醬料等等。處理方式下面會介紹，但除了調味料以外，最好還是稍微加一些油。日式料理就用米油或者菜籽油這類氣味較淡的；中華料理就使用麻油；義大利料理就用橄欖油等，除了添加風味以外，將不足的油脂以事前調味的方式補充，效果也很好。

1 調理之前

事前調味的時機是在把大豆素肉泡開之後。根據之後要烹調的料理菜色來使用醬油、酒、味醂、鹽、胡椒等來調味。如果要素炸或者翻炒，也可以在吸取油脂以後放入大碗中調味。這個狀態下可以冷藏也可以冷凍。如果口味過濃的話，能夠使用的菜色就有限，因此重點就在於味道不要太重。

2 以塑膠袋搓揉

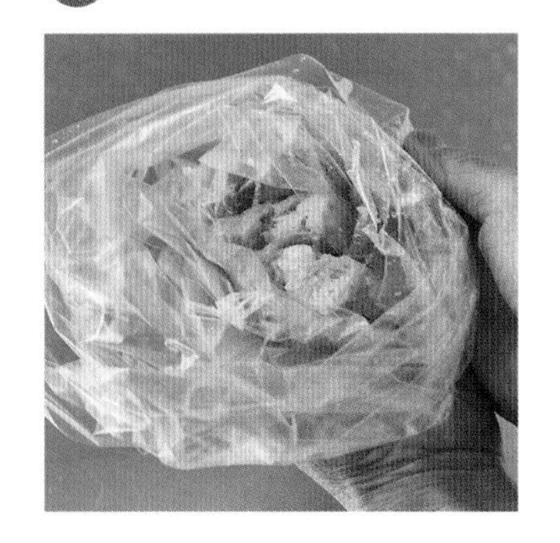

如果希望能夠讓調味滲透進去，可以輕鬆使用塑膠袋。將大豆素肉與調味料都放進塑膠袋當中加以搓揉，這樣調味料就不會停留在表面，而能夠滲透進去。裝進塑膠袋裡除了不會弄髒雙手，如果是為炸雞塊或者日式炸雞做前置調味，也可以直接收進冰箱裡。第二天再沾麵衣下去炸，也會更加美味。

Point 改變形狀

另一個前置處理方法就是改變形狀。舉例來說想要做成生薑紅燒肉片，那就把塊狀大豆素肉切成薄片；要做青椒肉絲就切成細絲狀。想做豬排那種整片的肉，就把大豆素肉用食物處理機打碎以後，以麵粉或太白粉重新做成整片的形狀。

Hint 9

完善使用純植材料

具有嚼勁。手工製作麵筋

提到取代肉類的純植材料，除了大豆素肉以外，有一種材料是使用麩質來製作的。市面上販售的商品有各種名稱，包含麩質素肉或者麵筋等，不過這也可以自己製作。要準備的東西是麵筋粉，也可能叫做麩質粉或小麥麩質等，總之是粉末狀的小麥蛋白。麩質就是指小麥當中含有的蛋白質成分。低筋麵粉、中筋麵粉和高筋麵粉是以當中麩質的含量來區分，而麵筋粉是含量最高的，溶解在水中會有非常強的黏性及彈力。除了用來提高麵包麵團的彈性以外，也會使用在料理當中，可以使用其強勁彈力來做成仿肉。話雖如此，基本上只需要用水去揉，然後放進水裡煮而已，非常簡單。

① 加水揉麵

可以使用100%純麵筋粉，不過也可以加個一成左右的高筋麵粉或者小麥粉，這樣口感會更好。水量大概是麵筋粉100g加上打底粉10g要用1杯水。將水加入大碗中，以長筷好好攪拌均勻以後，再用手揉麵。

② 分塊水煮

將揉好的麵筋分成一塊一塊，水煮大約30分鐘。這個時候可以先在鍋底鋪一張煮高湯用的昆布，並且添加少許醬油，這樣有了基本調味，麵筋也會更加美味。可以油炸或者切成薄片做成生薑燒肉、又或者是烤肉風味的料理，能夠活用在許多地方。

活用獨特口感 取代肉類使用

除了標榜著純植可用的材料以外，還有一些也同樣能應用在純植料理當中的材料。有一種印度的食材，在超市很容易找到的丹貝是一種類似納豆，使用丹貝菌發酵的大豆製品。這種材料並沒有納豆那樣很重的味道，也可以整塊使用，因此可以煎烤成牛排風味、又或者是切成薄片煎成脆脆的培根風味料理，也可以用拌炒的，能有許多享用的方式。由於蛋白質豐富，因此也會給人充分的飽足感。照片右邊則是豆渣蒟蒻。這也是在超商很容易找到的商品，是在蒟蒻當中添加豆渣製成的。有種獨特的沙沙口感，可以切薄作成薄肉片的風格，或者切厚一些作成豬排風味等，能夠打造出蒟蒻所沒有的強烈存在感，是非常有趣的材料。

要取代乳製品就用 豆漿製成的市售商品

對於能夠攝取乳製品的奶蛋素者來說，優格或者起司是沒有問題的，但純植料理當中卻不能使用。不過，最近也很容易在超商找到以豆漿製作的乳製品風格產品了。照片由左至右分別是豆漿製作的優格、奶油起司風味材料、加工奶酪風味材料。這些都完全不含牛奶成分，卻有著濃厚的口味。使用方法就和普通的優格以及起司相同，可以直接食用、也可以用在料理當中。植物性的材料大多油脂含量較低，因此在製作漢堡排或者肉丸子風味料理的時候，添加一些純植起司、又或者醬料當中使用豆漿優格等，就能讓口味變得更加豐裕。

Hint 10

正因為是蔬菜料理
更要使用香草及香料

直接享用蔬菜本身的味道當然很不錯，
不過如果想加點變化，那麼就要巧妙使用香草及香料。
香料強烈的東方料理也能令人驚艷。
香草則能帶出蔬菜的纖細。

香料依據喜好選擇。香草則搭配料理選用

如果總是覺得蔬菜料理的口味都差不多，那麼推薦您可以先準備好3～5種自己喜歡的香料。用途廣泛的是胡椒和孜然、胡椒籽。如果想增添色彩可以選用粉紅胡椒。要做東方料理或者印度料理的話，準備薑黃肯定不會錯。使用香料來改變料理面貌非常好用。如果能在番茄醬料當中添加百里香、巴西里；拌炒馬鈴薯當中加些迷迭香、沙拉添上芫荽及蒔蘿等，便能使料理更上層樓。

炸油中添加香草 讓薯條氣味高雅

用馬鈴薯做薯條的時候、或者要煎炸蔬菜時，將香草加入熱油當中，香草的風味便會轉移到食材上，使料理搖身一變為高雅菜餚。052頁介紹的托斯卡納薯條就是極佳範例。如果是純植料理，使用大豆素肉製作炸雞塊風味料理的時候，也可以在炸油當中添加迷迭香以及大蒜等，嘗試各種不同的方法。

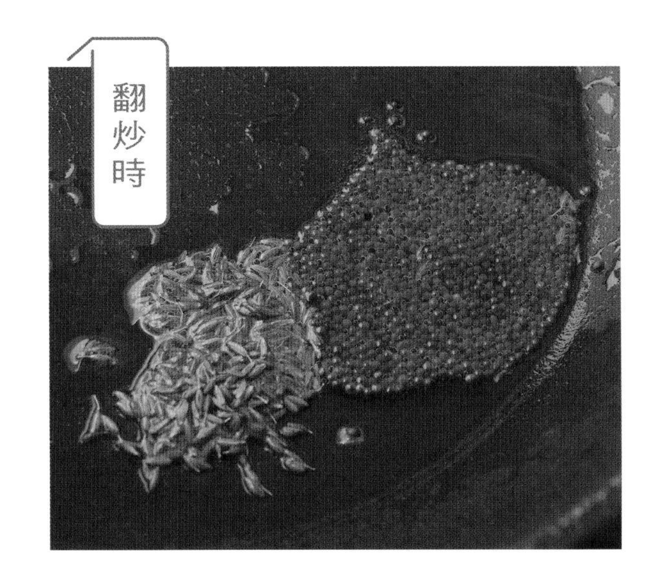

翻炒香料 凸顯出香氣

翻炒蔬菜的時候或者煎煮時，如果先將香料炒一炒再加入材料，會讓口味變得更突出。這原先是印度料理使用的技巧，但如果是簡單的拌炒蔬菜、或者翻炒過後加醋做成涼拌菜等，會讓料理獲得新生。舉例來說，使用孜然籽或者胡椒籽等顆粒狀香料的時候，也可以先用油翻炒過讓香氣更加明顯。另外，湯品、濃湯或咖哩等起鍋前添加翻炒過的香料，口味也會更加深奧。

粉狀香料後加 增添香氣

胡椒、薑黃、甜椒粉、孜然粉等粉狀香料的香氣非常容易散失。因此顆粒或者球狀的香料要先過油，但是粉狀要在調理中途或者收尾的時候加入。如果要煎煮，那就中途加入，使香氣能夠轉移到材料上。另外，如果希望能夠享受香料的香氣，那麼就在最後起鍋前添加，然後立即關火。如果想要打造出具有深度的香氣，那就先翻炒顆粒狀香料然後烹調食材，起鍋前再添加粉狀香料。

Tips 1

手工打造
純植料理可用的調味料

雖然市面上也有販售不含動物性材料的調味料，
不過就算不去一樣樣買齊，
也能夠自己輕鬆製作。

以食物處理機攪拌即可

市售的醬料是使用蔬菜、醋、香料來製作的，因此手工製作也能夠做出來。依照自己喜歡的甜度、酸味及鹹度比例打造。這份食譜以椰棗取代砂糖來增添甜味。也帶一點黏度，使用上非常方便。

●材料　容易製作的分量（約75ml左右）

番茄泥…2大匙
義大利香醋…1大匙
椰棗…2個（30g．去籽）
蒜泥…¼小匙
什香粉…1撮
味醂（煮到揮發）…1大匙
醬油…2小匙

●製作方式

所有材料放進食物處理機中攪拌。

＊可以用來搭配炸蔬菜或者素漢堡排，由於非常清爽，也可以淋在蔬菜上當成沙拉醬，或者用來拌炒蔬菜。

喜歡甜味就加點水果

只需要混合在一起就能做出番茄醬風味的醬料。如果喜歡甜味的話，可以加一些鳳梨或者蘋果等水果。只要不加大蒜，也可以提供給有五葷禁忌的東方素食者。

●材料　容易製作的分量（約55ml左右）

番茄泥…3大匙
義大利香醋…1小匙
楓糖漿…1小匙
鹽…¼小匙
蒜泥…少許

●製作方式

所有材料放進食物處理機中攪拌。

確保滑稠度
與美乃滋極為相似的口味

只要加入豆腐製作，就能夠確保滑稠度，做出與美乃滋極為相似的口味。其實可以把豆漿、醋、鹽攪拌便製作完成，下面介紹的則是多花些功夫做成沙拉醬的風格。

●材料　容易製作的分量（約180ml左右）

木棉豆腐…120g
米油…3大匙
醋…1大匙
黃芥末…1小匙
鹽…½小匙

●製作方式

所有材料放進食物處理機中攪拌。

＊與原先的美乃滋相同，可以用在沙拉上。也可以拌入醃小黃瓜、洋蔥等製作成塔塔醬。鹽巴如果使用帶有硫磺香氣的黑鹽，會變得帶有雞蛋風味、更像美乃滋。

將蔬菜剁碎
當成絞肉使用

市售的柚子醋當中有些會含有柴魚高湯等動物性材料，因此自己製作會比較安心。材料上非常簡單，也可以自己調整加入蔥薑等。

●材料　容易製作的分量（約160ml左右）

醬油、柚子果汁…各70ml
味醂…20ml（煮到揮發）
高湯昆布…5g

●製作方式

1 將所有材料混合之後靜置一晚。
2 拿出高湯昆布。

Tips 2

牛奶製品風格
也能用純植食譜手工打造

如果是奶蛋素食者，就可以使用起司和奶油這類材料，
但是純植食譜當中卻不能使用乳製品。
就試著自己打造出乳製品的濃郁口味吧。

1 茅屋起司風格

1 起司粉風味腰果粉

只需要用豆漿取代牛奶 製作方法簡單

說起來茅屋起司只需要將牛奶與檸檬或醋攪拌在一起便能製作出來，因此只需要把牛奶換成豆漿，一樣可以製作。鹽量隨個人喜好。椰奶是為了提升濃郁味，不加也沒關係。

● 材料　容易製作的分量（約100g左右）

A
- 豆漿…200ml
- 鹽…¼小匙
- 椰奶…1～2大匙

醋…2大匙

● 製作方式

1. 將材料A全部放入鍋中，攪拌的同時加熱，沸騰之後拌入醋並關火。
2. 靜置10分鐘以上。
3. 等到分離之後就用廚房紙巾等過濾。

＊可以放在沙拉或者義大利麵上點綴。這與p.088介紹的里考塔起司風味餡料相比，會由於添加了椰奶而口味更加濃郁。

起司粉風味的腰果粉也是純植 用在義大利麵或沙拉上

純植義大利麵只要有了起司粉風味的腰果粉，口味也會立即變得非常濃郁。使用帶有彷彿起司粉、帶有發酵風味的酵母粉來取代乳製品製作。只需要打碎即可，非常簡單。

● 材料　容易製作的分量（約35g左右）

酵母粉…3大匙
腰果…10粒
鹽…少許

● 製作方式

所有材料放進食物處理機中攪拌。

＊如果沒有酵母粉，也可以單獨使用腰果以及鹽巴製作。除了可以灑在義大利麵上，當成起司粉來使用以外，也可以作為玉米濃湯或燉煮料理的醍醐味，為這些料理增添濃郁風味。

宛如雪花般迅速溶解的起司，讓純植料理更加華麗

將馬鈴薯或者玉米的澱粉萃取製作成的糊精與油攪拌在一起，就能夠做出像雪花一般的起司粉。順帶一提，如果和醬油拌在一起，就能夠製作成醬油粉。

● 材料　容易製作的分量（約25g左右）

糊精…20g
芝麻油…5g
鹽…¼小匙

● 製作方式

將所有材料混在一起。

＊糊精是以馬鈴薯或者玉米萃取出來的水溶性食物纖維，也有人會為了健康而食用此款材料。和液體狀的東西攪拌在一起就會變成顆粒狀。

有著如奶油般的濃郁口味，其實是椰子油

能夠像奶油那樣凝固的植物性油類非常少，例外就是椰子油。可以利用它在常溫下凝固的性質，與市售的豆漿優格攪拌在一起，就能夠做出類似奶油的材料。

● 材料　容易製作的分量（約120g左右）

椰子油（無臭款）…90g
市售的豆漿優格…30g
鹽…適量

● 製作方式

將所有材料混在一起。

＊椰子油如果凝固了，可以隔水加熱以利攪拌。之後倒入模型當中冷卻凝固。可以塗抹在吐司上、加入焗烤菜色或焗飯當中、或者義大利麵起鍋時淋上去。

Chapter 2 Light Meal

輕鬆款式純植料理

本章介紹的菜單，
令人彷彿身處環境休閒的純植咖啡廳當中，
雖然輕鬆卻能享用令人驚艷又時髦而美味的料理。

Hamburger & Toscana Potato

漢堡與托斯卡納薯條

漢堡

材料 2個量

油…適量
洋蔥…½個（100g・剁小塊）
大蒜算…2片（剁碎）

A
- 大豆素肉（乾燥顆粒款）…50g（泡發後擰乾）
- 蒜泥…½小匙
- 醬油…2小匙
- 米油…2小匙

麵包粉、高筋麵粉…各2大匙
漢堡麵包…2個

<配菜>
- 紅葉萵苣…1片
- 番茄（切5mm厚圓片）…2片
- 洋蔥（切5mm厚圓片）…40g

<醬料>
- 番茄醬…2大匙
- 伍斯特醬…1大匙

製作方式

1. 以油翻炒洋蔥及大蒜。
2. 將材料A放入大碗中混合均勻，靜置5分鐘左右使其入味。
3. 將步驟1與2的材料加入麵包粉、高筋麵粉攪拌後分為兩份，捏成漢堡排的形狀。放入已熱好油的平底鍋中煎好一面，翻過來蓋上鍋蓋後蒸約2分鐘左右。兩面都煎好之後放在盤子上。
4. 以稍微烤過的漢堡麵包夾起配菜及步驟3的漢堡排。將醬料用材料混合在一起淋上。製作另一組相同的漢堡。

托斯卡納薯條

材料 2人分

馬鈴薯…2個
高筋麵粉…2大匙
迷迭香（新鮮）…2支
百里香（新鮮）…2支
大蒜（帶皮）…2片
炸油…適量
鹽、胡椒…各適量

製作方式

1. 將馬鈴薯切成三角片狀並灑上高筋麵粉。
2. 將馬鈴薯、香草及大蒜放入平底鍋中然後加油（油量大約是馬鈴薯高度的一半）。
3. 開中火，等到油熱了以後便翻動上下油炸馬鈴薯。
4. 等到炸成金黃色以後就起鍋，灑上鹽與胡椒，放進大碗或者篩子當中，上下晃動使香草也碎裂成粉狀並與薯條攪拌均勻。

Point 純植漢堡要整平外觀

如果是絞肉製作的漢堡排，就要讓中心稍微凹陷，這樣比較容易熟。但如果是純植漢堡排的話就不用擔心沒熟。若是壓凹陷反而可能會散開，因此秘訣就在於要做成平的。

大豆素肉的存在感不輸真正的肉類。
使用高筋麵粉來沾黏，
還能帶出彈性與嚼勁。

Falafel Sandwich

油炸鷹嘴豆餅三明治

材料　2片量

皮塔餅…2張
油炸鷹嘴豆餅…下記全量
鷹嘴豆泥…適量
（一個大約是1～2大匙左右）
綠色蔬菜…適量
紫色高麗菜（切絲）…少許
紅蘿蔔（切絲）…少許
菜嬰…少許

製作方式

在皮塔餅上塗鷹嘴豆泥，放入蔬菜及油炸鷹嘴豆餅。

油炸鷹嘴豆餅

●材料　8個量（1/2片餅皮裝2個）

A
- 罐頭水煮鷹嘴豆…130g
- 洋蔥…15g
- 太白粉…接近1大匙
- 蒜泥…少許
- 香菜…5g
- 孜然粉…¼小匙
- 鹽、粗磨黑胡椒…各¼小匙

米穀粉…適量
炸油…適量

●製作方式

1 將材料A放入食物處理機中攪拌。

2 搓為一口大小後灑上米穀粉。

3 以預熱至180℃的油炸到酥脆。

鷹嘴豆泥

●材料　容易製作的分量（約150ml左右）

罐頭水煮鷹嘴豆…100g
蒜泥…少許
白芝麻醬…1大匙
檸檬汁…1大匙
橄欖油…1大匙
煮鷹嘴豆的湯汁（也可以用水）…30ml
鹽…¼小匙

●製作方式

將鷹嘴豆泥所有材料放入食物處理機中打成泥狀。

也可以使用其他豆類來製作此道料理。
如果用蠶豆或者毛豆，
整道菜色會是綠的，外觀上也很時髦。

Tacos

墨西哥夾餅

製作方式

準備適量的市售塔可餅。將下列的材料都放上去
一起食用。剩下來的材料可以活用作為常備菜。

車麩絞肉餡料

●材料 容易製作的分量（400ml左右）

車麩…3片（35g・用水泡發）
油…適量

A
- 洋蔥…大的½個（120g・剁小塊）
- 大蒜…1片（剁碎）

B
- 香菇…3朵（60g・剁小塊）
- 茄子…小型1個（60g・剁小塊）
- 青椒…大型1個（40g・剁小塊）

番茄…1個（200g・切塊）
卡宴辣椒…少許
醬油…2小匙
白醬油…1大匙
豆漿（無調整款）…20g

●製作方式

1. 將泡發的車麩確實擰乾，切大塊之後放入食物攪拌機中打成碎塊。
2. 熱好大量的油來翻炒車麩。炒好後放在盤子上。
3. 在乾淨的平底鍋上熱油，翻炒材料A，等到洋蔥變透明以後就加入材料B繼續翻炒。
4. 等到蔬菜都變軟以後添加番茄，在番茄煮爛以後便加入步驟2的車麩以及卡宴辣椒、醬油、白醬油，繼續熬煮到番茄收乾，最後加入豆漿。

酪梨醬

●材料 300ml量

酪梨…1個
洋蔥…30g（剁小塊之後過水）
番茄…¼個（50g・切為8mm塊狀）
檸檬汁…2小匙
鹽…少許
蒜泥…少許
粗磨黑胡椒…稍微少於½小匙
辣椒醬…稍微少於½小匙

●製作方式

將所有材料拌在一起。

炙燒醋拌豆腐

●材料 容易製作的分量（2人分）

木棉豆腐…1塊（300g・瀝乾）

A
- 迷迭香…1支
- 橄欖油…50ml
- 檸檬汁…1大匙
- 鹽…½小匙
- 蒜泥…½小匙

●製作方式

1. 將木棉豆腐切為6等分，與材料A拌在一起然後靜置醃漬一晚。
2. 用烤麵包機稍微烤出焦痕。

莎莎醬

●材料 300ml量

番茄…1個（200g・切為1cm塊狀）
洋蔥…30g（剁碎）
青椒…1個（剁碎）
檸檬汁…1大匙
鹽…½小匙
大蒜…½片（剁碎）
香菜…15g（剁碎）
辣椒醬…1小匙

●製作方式

將所有材料拌在一起。

車麩絞肉餡料
酪梨醬
莎莎醬
炙燒醋拌豆腐
請放上使用車麩
取代肉類做成的絞肉餡料
及蔬菜醬料享用吧。

Tortilla Roll

墨西哥薄餅捲

只要有墨西哥薄餅，
把一般的熟食包起來就可以。
與切絲菜及涼拌菜都非常對味。

茅屋起司
風味餡料

雞蛋風味沙拉

特製辣醬

鮪魚風味大豆素肉

馬鈴薯沙拉佐香蔥

製作方式

準備適量的墨西哥薄餅。請隨意包起下列的餡料或生菜享用。

鮪魚風味大豆素肉

●材料　300ml量（4片量）

A
- 鴻喜菇、舞菇…各50g（切掉菇頭後撕開）
- 大蒜…½片（切薄片）

橄欖油…適量

B
- 大豆素肉（塊狀款）…20g（泡發之後完全擰乾、撕開）
- 芝麻油…2小匙
- 檸檬汁…1小匙
- 鹽…¼小匙
- 白酒…2大匙

C
- 昆布高湯…2大匙
- 柚子汁…1小匙
- 白味噌…1小匙
- 橄欖油…1小匙
- 豆腐美乃滋（p.047）…4大匙
- 黑橄欖…3個（剁小塊）

●製作方式

1. 在平底鍋中加熱橄欖油翻炒材料A。仔細翻炒10分鐘至菇類水分蒸發。
2. 將材料B放入鍋中，開中火加熱並同時攪拌，等到水分蒸發就關火。
3. 將步驟1、2的材料放入食物處理機中稍微打一下，粉碎為鮪魚罐頭肉的大小。
4. 與材料C拌在一起。

馬鈴薯沙拉佐香蔥

●材料　160ml（4張量）

馬鈴薯…120g（水煮後打碎）

A
- 橄欖油…½小匙
- 昆布茶…½小匙
- 豆漿…1小匙多
- 粗磨黑胡椒…¼小匙
- 鹽…1撮

長蔥…½支（40g・切小段）

炸油…適量

●製作方式

1. 將馬鈴薯與材料A混合在一起。
2. 加熱炸油後把長蔥炸到金黃酥脆。
3. 將步驟2的長蔥瀝油以後趁熱與步驟1的材料混合在一起。

雞蛋風味沙拉

●材料　250ml量（4張量）

A
- 植物性美乃滋…2大匙
- 檸檬汁…1小匙
- 黑鹽等帶有硫磺香氣的鹽巴（普通鹽巴也可）…¼小匙
- 薑黃粉…少許

木棉豆腐…200g（瀝乾）

洋蔥…15g（剁碎）

●製作方式

1. 將材料A拌在一起。
2. 打碎木棉豆腐並加入步驟1的材料攪拌，快速拌入洋蔥。

茅屋起司風味餡料

●材料　容易製作的分量（100ml・4張量）

豆漿…200ml

醋…1大匙

鹽…¼小匙

●製作方式

1. 將豆漿放入鍋中開中火加熱，沸騰之後加入醋，攪拌均勻後關火。
2. 靜置10分鐘以上。
3. 分離之後使用廚房紙巾等工具過濾。
4. 與鹽拌在一起。

特製辣醬

●材料　容易製作的分量（100ml量）

醋、味醂…各50ml

番茄泥…1小匙

豆瓣醬、蒜泥、太白粉…各½小匙

洋蔥…10g（剁碎）

●製作方式

1. 將所有材料放入小鍋中加熱並攪拌均勻。
2. 等到出現濃稠度就關火。

薄餅的材料可以隨喜好變更。
除了照片上這種搭配方式以外，也可以使用燒烤豆腐、
新鮮沙拉等，隨個人喜好。

Galette with Grilled Vegetables and Cheesy Sauce

炙燒蔬菜與起司風味醬料薄餅

材料 2人分

薄餅…2片
炙燒蔬菜沙拉…下列總量
起司風味醬料…下列總量

製作方式

1. 將炙燒蔬菜沙拉放在薄餅上。
2. 淋上起司風味醬料。

薄餅

●材料 2張量

蕎麥粉…50g
A
- 豆漿…70ml
- 水…45ml
- 鹽…少許

菜籽油…適量

●製作方式

1. 將蕎麥粉篩進大碗當中。
2. 將材料A混合在一起。
3. 將步驟1的蕎麥粉慢慢添加進步驟2的材料當中，用打蛋器慢慢攪拌。等到攪拌均勻以後就放在冰箱靜置1小時以上。
4. 加熱平底鍋並抹上菜籽油，倒入一湯勺量的麵糊後馬上推開。
5. 烤好一面便放上餡料。

炙燒蔬菜沙拉

●材料 2張薄餅量

A
- 洋蔥…½個（100g・切為1cm厚圓片）
- 紅、黃甜椒…各½個（50g・切絲）
- 蓮藕…50g（切為1cm厚圓片）

鹽…1撮
菜嬰…1袋

●製作方式

1. 將材料A中的蔬菜排在電烤盤上，灑上鹽燒烤。
2. 等到步驟1的材料稍微放涼以後，就和菜苗拌在一起。

起司風味醬料

●材料 容易製作的分量（200ml左右）

嫩豆腐…200g（瀝乾）
米油…2大匙
鹽…½小匙
豆漿…2大匙
醋…2小匙
酵母粉…1大匙
蒜泥…少許

●製作方式

將所有材料放入食物處理機中攪拌。

Tempeh Cutlet Sandwich & Vegan Clam Chowder

炸丹貝三明治&蛤蜊巧達風味湯

炸丹貝三明治

材料　2人分

丹貝…1包（切薄片）
A［醬油…1小匙
　 酒…1大匙
小麥粉…適量
B［小麥粉、水…各2大匙
麵包粉…適量
炸油…適量
高麗菜…100g（切絲）
吐司…4片（稍微烤一下）
中濃醬汁…適量

製作方式

1. 用刷子將材料A塗抹在丹貝上，靜置10分鐘左右使其入味。
2. 依照順序沾取小麥粉、攪拌好的材料B小麥粉液、麵包粉之後放入180℃熱油中油炸。
3. 用麵包夾高麗菜與步驟2的丹貝，淋上醬汁。

蛤蜊巧達風味湯

材料　2人分

橄欖油…100ml
月桂葉…1片
大蒜…1片（剁碎）
生薑…1片（剁碎）
洋蔥…小型1個（180g・切為1cm塊狀）
紅喜菇…1包
　（100g・切掉菇頭之後撕開，
　放在平底鍋上乾煎備用）
鹽…½小匙
白醬油…1小匙
水…200ml
馬鈴薯
　…小型1個（100g・切為1cm塊狀）
紅蘿蔔…¼支（30g・切為1cm塊狀）
豆漿…200ml

製作方式

1. 將橄欖油及月桂葉放入鍋中開小火，加入剁碎的大蒜及生薑。
2. 爆香以後加入洋蔥翻炒。
3. 洋蔥變透明以後加入鴻喜菇，然後加入鹽與白醬油翻炒。
4. 放入水、馬鈴薯及紅蘿蔔，煮3～4分鐘，等到蔬菜熟了以後就加入豆漿，滾了就關火。

將大家都喜歡的豬排三明治作成純植料理。

除了丹貝以外，也可以使用豆腐排。

Koya Tofu Cutlet Bowl

炸高野豆腐丼

材料　2人分

高野豆腐…2片

A
- 水…170ml
- 醬油…1大匙
- 蒜泥…2g

椰子油…20g

小麥粉…適量

B
- 小麥粉…3大匙
- 水…3大匙

麵包粉…適量

炸油…適量

雙色迷你番茄…各3個（對半切開）

芝麻菜…適量

白飯…適量

甜酒釀大蒜醬汁…右列總量

製作方式

1 將材料A放入托盤中，用高野豆腐沾取。

2 等到高野豆腐變軟以後，在正中間切開做成像口袋的形狀。

3 將椰子油填入步驟2高野豆腐的口袋當中。

4 依序沾取小麥粉、混合在一起的材料B小麥粉液、麵包粉。

5 使用180℃熱油炸到酥脆。

6 與芝麻菜、迷你番茄一起放在飯上，淋上甜酒釀大蒜醬汁。

甜酒釀大蒜醬汁

●材料　80ml量

甜酒…60ml

醬油…20ml

大蒜…1片（剁碎）

炸油…適量

●製作方式

1 在鍋中熱油來炸大蒜。

2 將甜酒、醬油放入碗中攪拌，然後加入步驟1的大蒜拌勻。

Point 為植物性材料補充不足的油脂

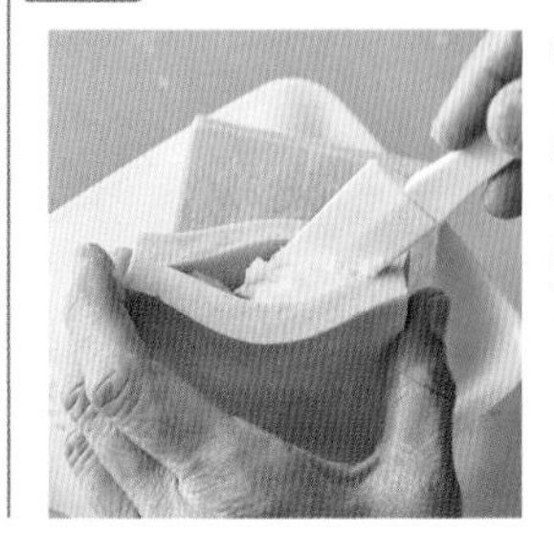

炸高野豆腐很容易變得乾巴巴。為了防止這種情況，切出一個口袋放入椰子油等固體油脂。這樣一來炸的時候油會融化，使高野豆腐變得多汁。

溫潤多汁的高野豆腐。
不輸給一般豬排飯的分量。
蔬菜可以搭配自己喜愛的種類。

這是在蔬食餐廳也非常受歡迎的菜色。
大豆素肉的調味可以自行調整。
咖哩風味或者巴西里風味也非常不錯。

Spicy Soy Bowl

大豆丼

材料　2人分

大豆素肉（塊狀）
…10～12個（乾貨狀態40g）

A
- 醬油…1又½大匙
- 酒…4大匙
- 薑汁…1小匙
- 芝麻油…1小匙

太白粉、小麥粉…各2大匙
醋拌紫色高麗菜、醋拌高麗菜
…各2大匙左右
白飯、喜愛的蔬菜、豆腐美乃滋（p.047）
…各適量
炸油…適量

製作方式

1. 將大豆素肉泡發，和材料A一起放入大碗中靜置5分鐘。
2. 將太白粉與小麥粉拌在一起並灑在步驟1的大豆素肉上。
3. 將油熱至180℃以後將步驟2的材料炸到酥脆。
4. 將白飯盛進碗中，把步驟3的材料、醋拌雙色高麗菜、自己喜愛的蔬菜及豆腐美乃滋都放上去。

醋拌雙色高麗菜

●材料　容易製作的分量（各約200ml左右）

紫色高麗菜、高麗菜
…各130g（用刨刀切絲）
鹽…½小匙

A
- 醋…50ml
- 橄欖油…2小匙

●製作方式

1. 將高麗菜各自放入大碗中，分別混入¼小匙鹽巴，靜置一段時間使其釋出多餘水分。
2. 將步驟1的菜絲與半量材料A拌在一起使其入味。

Vegan Loco Moco

純植夏威夷米漢堡

材料　2人分

白飯…2碗量
茄子風味漢堡…下列2個
炒蛋風味餡料…下列總量
個人喜好的蔬菜…適量

製作方式

將白飯盛進碗中，將茄子風味漢堡、炒蛋風味餡料及蔬菜盛裝擺盤，可留心配色。

茄子風味漢堡

●材料　2人分

茄子…3條（剁小塊）
大蒜…3片（剁碎）
鹽…⅔小匙
燕麥片…50～70g
（根據成型狀況調整）
小麥粉…2小匙
油…適量
A［番茄泥…1大匙
義大利香醋…1小匙
醬油麴…1小匙］

●製作方式

1 將茄子與大蒜、鹽拌在一起，使其入味。

2 過了幾分鐘等水分滲出，就拌入燕麥片與小麥粉。

3 將步驟2的材料捏成2個漢堡排的形狀，以熱油平底鍋煎熟。

4 將材料A攪拌在一起作為醬料淋上。

炒蛋風味餡料

●材料　2人分

A［豆漿…100ml
木棉豆腐…200g（瀝乾）
薑黃…¼小匙
鹽麴…1又⅓大匙
黑鹽等帶有硫磺香氣的鹽巴（普通鹽巴亦可）…少許
鷹嘴豆粉…1小匙］
油…適量

●製作方式

1 將材料A都放入大碗中，以打蛋器徹底攪拌均勻。豆腐可以殘留顆粒狀。

2 將步驟1的材料倒入熱油平底鍋中拌炒。

甜菜番茄湯

●材料　2人分

A［甜菜…100g（切塊）
洋蔥…½個（100g，切塊）
紅蘿蔔…⅓支（40g，切塊）
大蒜…1片（剁碎）］
油…適量
番茄…小型1個（150g，切塊）
水…250ml
鹽…½小匙
醬油…1小匙
孜然籽…1小匙
油…適量

●製作方式

1 熱油拌炒材料A。

2 材料過油後加入番茄與水，以中火加熱。沸騰之後以小火煮10分鐘直到蔬菜變軟。

3 加入鹽與胡椒調味後關火。

4 以油加熱孜然籽，爆香後加入步驟3的湯中。

比肉類更多汁的純植漢堡。

分量也相當夠

更加健康美味。

Vegan Keema Curry & Tomatoes Avocado Salad

純植絞肉咖哩&
醋拌迷你番茄與酪梨沙拉

純植絞肉咖哩

材料　2人分

大豆素肉（顆粒款）
…20g（泡發後素炸）
洋蔥…1/5個（40g，剁小塊）
大蒜…小型1片（剁碎）
油…適量
牛蒡…70g（剁小塊）
番茄…1個（200g，滾刀切塊）
核桃…5顆（剁塊）
A
鹽…1撮
醬油…接近2小匙
番茄醬…接近1大匙
咖哩粉…1又1/4小匙多一些
白飯…適量

製作方式

1. 熱油翻炒洋蔥及大蒜，等到油蔥過油後就加入牛蒡一起拌炒。
2. 加入大豆素肉、番茄及核桃，等到番茄煮爛以後就加入材料A調味，煮到番茄滲出的水分乾涸後關火。
3. 放在白飯上裝盤。添上自己喜愛的蔬菜。

醋拌迷你番茄與酪梨沙拉

材料　2人分

迷你番茄…100g
A
醋…70ml
鹽…0.7g
昆布高湯…50ml
酪梨…1/4個（切塊）

製作方式

1. 將材料A的醋漬液淋在迷你番茄上。
2. 食用的時候與酪梨攪拌在一起。

絕竅就是添加大豆素肉加上牛蒡及核桃，

這些口感十足的材料。

不同的口味及風味能使口味更具深度。

Vegan Omelet with Rice

純植蛋包飯

材料　2人分

- A
  - 嫩豆腐…½塊（150g，瀝乾）
  - 鷹嘴豆粉、太白粉…各30g
  - 豆漿…150ml
  - 鹽、薑黃粉…各¼小匙多一些
- 油…適量
- 番茄飯…右列全量

製作方式

1. 將材料A放入大碗中，以叉子等工具攪拌均勻。
2. 將步驟1的材料倒入熱油平底鍋當中，推成薄薄一片煎好。
3. 放入番茄飯，調整形狀。

番茄飯

●材料　730g量（約5人分）

- 米…2杯
- 洋蔥…¼個（50g，剁小塊）
- 紅蘿蔔…¼支（30g，剁碎）
- 番茄果泥…100g
- 番茄乾…1片（3g，剁碎）
- 鹽…½小匙
- 橄欖油…1小匙

●製作方式

1. 洗米後放入飯鍋後調整水量（以平常用量扣除番茄泥的100g）。
2. 將剩下的材料都放入後直接做成炊飯。

Point 製作薄蛋皮風格料理就用鷹嘴豆粉與太白粉

p.068出現的鷹嘴豆粉，在顏色或者風味上都非常適合用來製作雞蛋風味的料理。這分食譜當中是鷹嘴豆粉與太白粉各半，這是由於和太白粉混在一起，就能夠在煎得很薄的情況下仍具有韌性而不會破掉。豆腐顆粒是讓人有蛋白的感覺。就算有顆粒殘留也沒關係。

這種材料竟然能做出雞蛋風味！
所有人都會大吃一驚的奇蹟食譜。
也可以讓雞蛋過敏者食用。

Bologneses with Soybean Meat

大豆素肉大分量番茄肉醬

材料 2人分

大豆素肉（塊狀款）
…20g（泡發後大致上切成1cm塊狀）
炸油…適量

A
- 橄欖油…適量
- 大蒜…1片（剁碎）

洋蔥…¼個（50g・剁碎）
甜椒…2個（剁小塊）

B
- 塊狀番茄罐頭…130ml
- 番茄…100g（切大塊）
- 辣椒…1條（切小段）
- 鹽…¼小匙
- 味噌…2小匙
- 番茄泥…2小匙

義大利麵…140g
鹽…適量

製作方式

1 素炸大豆素肉。

2 將材料A放入平底鍋中加熱，爆香後加入洋蔥，翻炒到洋蔥變透明以後加入甜椒拌炒。

3 將材料B放入步驟2的鍋中，沸騰之後邊炒邊煮5分鐘左右使其化為泥狀。

4 將大豆素肉加入步驟3的鍋中煮3分鐘，煮到收乾就關火。

5 將義大利麵放入加鹽熱水中，依照包裝說明烹煮後裝盤，淋上步驟4的材料。

Spaghetti with Tofu and Vegetables

豆腐白醬與當季蔬菜的奶油義大利麵

材料 2人分

A
- 嫩豆腐
  …2/3塊（200g・稍微瀝水）
- 豆漿…160ml
- 白味噌…1大匙
- 酵母粉
  …2小匙
- 鹽…1/2小匙

綠蘆筍
…2支（切成容易食用的大小後水煮）

菜豆
…6支（切成容易食用的大小後水煮）

義大利麵…170g

鹽…適量

製作方式

1. 將材料A全部以食物處理機打成泥狀，與綠蘆筍、菜豆一起放入鍋中煮滾。
2. 將義大利麵放入加鹽熱水中，依照包裝說明烹煮，與步驟1的材料拌在一起之後裝盤。

Vegan Lasagna

純植千層麵

材料 2～3人分

千層麵用義大利麵…3片
純植肉醬…右列總量
豆漿白醬…右列總量
（若有可加）市售植物性起司…適量

製作方式

1 依照包裝指示煮好千層麵用義大利麵。

2 將麵起鍋後放在瀝網上瀝乾。鋪在托盤上不要疊在一起，靜置冷卻。

3 將肉醬、白醬、義大利麵分三次依序放入耐熱容器當中，最後放上肉醬及植物性起司。

4 放進220℃的烤箱烘烤10分鐘。

純植肉醬

●材料 約200ml左右

大豆素肉（顆粒款）…18g（泡發後素炸）
切片番茄罐頭…200ml
鹽…½小匙
大蒜…1片（剁碎）
洋蔥…¼個（50g・剁碎）

●製作方式

將所有材料放入鍋中烹煮5分鐘。

豆漿白醬

●材料 約150ml左右

豆漿…150ml
白味噌…1大匙
小麥粉…1小匙

●製作方式

將所有材料攪拌均勻後放入鍋中，稍微加熱到有濃稠度。

只需要加上烘焙的步驟，
就連義大利麵料理都能十分美味。
如果有市售的豆漿起司是最棒的。

Budda Bowl of Brown Rice

玄米佛陀丼

材料 2人分

A
- 玄米飯…2碗量
- 葡萄乾…20粒（剁小塊）
- 鹽…¼小匙
- 橄欖油…2小匙

B
- 綜合豆…100g
- 橄欖油…2小匙
- 檸檬汁、鹽麴…各2小匙

C
- 甜菜…200g（切為1cm塊狀後水煮）
- 鹽…¼小匙

D
- 大蒜…1片（剁碎）
- 橄欖油…1大匙

磨菇…6個（切薄片）
巴西里…10g（剁碎）
紅葉萵苣…½包

E
- 橄欖油、醋…各2大匙
- 白芝麻泥…1大匙
- 白醬油…2小匙

製作方式

1. 將A、B、C攪拌在一起。
2. 以平底鍋加熱D，爆香以後拌入磨菇及巴西里。
3. 將步驟1、2的材料與紅葉萵苣美麗裝盤之後，將E攪拌在一起作為醬料淋上。

Quinoa Buddha Bowl

藜麥佛陀丼

材料 2人分

藜麥…70g（水煮）

A
- 酪梨…1個（切成容易食用的大小）
- 檸檬汁…1大匙
- 鹽麴…2小匙

丹貝…2片（切為5mm厚）

油…適量

B
- 甜酒、醬油…各2大匙
- 蒜泥…½小匙

紅洋蔥…½個（100g・切薄片）

黃色胡蘿蔔…⅛支（切薄片）

紅色甜椒…½個（切細絲後烤到金黃）

紫花苜蓿…適量

C
- 橄欖油、檸檬汁、豆漿…各2大匙
- 白味噌…1大匙

製作方式

1. 將材料A預先拌好。
2. 在平底鍋中以熱油將丹貝煎到酥脆，將拌好的材料B作為醬料與丹貝拌在一起。
3. 將步驟2的材料與所有蔬菜美麗裝盤後，放上藜麥，並淋上拌好的材料C作為沙拉醬。

Soy Milk Pancake

豆漿鬆餅

材料　3片量

椰子油…15g
A
- 低筋麵粉…100g
- 發粉…1小匙
- 甜菜糖…2大匙

豆漿…150ml
油…適量
奶油風格椰子油（p.049）…適量
藍莓…適量

製作方式

1. 將椰子油放入小鍋當中開火融化。
2. 將材料A放入大碗中攪拌均勻。加入豆漿快速攪拌一下，然後放入步驟1的鍋中攪拌。
3. 將步驟2的材料倒入熱油平底鍋當中，兩面都煎熟。
4. 放上適量奶油風格椰子油，並添上藍莓。

甜酒與白味噌的風味能夠
成為起司的口味，真的非常不可思議。
也推薦給減肥中的人享用。

Vegan Unbaked Cheesecake

生乳酪蛋糕

材料 8×13cm磅蛋糕模型1個量

A
- 嫩豆腐…200g
- 甜酒…50ml
- 甜菜糖…20g
- 白味噌…1大匙
- 楓糖漿…½大匙
- 檸檬汁…2小匙
- 寒天粉…1.5g

早餐穀片…50g
白芝麻油…25ml
藍莓果醬…適量

製作方式

1. 將豆腐瀝水一整晚到完全瀝乾。與早餐穀片和白芝麻油拌在一起填進磅蛋糕模型當中。
2. 將材料A放入大碗中，用手工攪拌器絞拌到滑順狀態，倒入鍋中。
3. 以中火加熱，煮到沸騰之後關火，將醬料倒到步驟1的模型當中。
4. 冷卻凝固之後切成小塊，佐以藍莓果醬。

藍莓果醬

●材料 容易製作的分量
冷凍藍莓…100g
楓糖漿、檸檬汁
…各1小匙

●製作方式
將所有材料放入鍋中熬煮到收乾。

Chapter 3

Vegan Full-course

純植套餐

用純植材料也能夠做出
像法式料理或義大利料理那樣的套餐。
湯和沙拉與平常相同。
重點就在於如何表現出
主菜的分量感。

Taro Chips and Carrot Dip Millefeuille

芋頭片與紅蘿蔔沾醬千層派

材料 2盤量

芋頭…1個
炸油…適量

A
- 紅蘿蔔…½支（80g・滾刀切塊後蒸熟）
- 腰果…3粒
- 白味噌…1大匙
- 蒜泥…少許
- 椰奶…2大匙

＜裝飾用＞
粉紅胡椒

製作方式

1. 將芋頭連皮徹底洗乾淨後切成薄片，炸到酥脆。
2. 將材料A放入食物處理機攪拌。
3. 將步驟1與2的材料在盤子上疊成千層派狀，並以粉紅胡椒裝飾。

脆片與沾醬是黃金搭檔。
疊成千層派的樣子
就能成為一道時髦的前菜。

APPETIZER

Grilled Eggplant Tartar

烤茄子搭塔塔醬

材料　2人分

板麩…½片（泡發）

A
- 蒜泥…2g
- 醬油…1小匙
- 酒…1大匙

太白粉…少許

炸油…適量

茄子…6條

（以烤魚網等工具烤到表面全黑）

B
- 白醬油…2小匙
- 檸檬汁…2大匙
- 白芝麻泥…1又⅓大匙

黑橄欖…6顆（切圓片）

巴西里…適量

橄欖油…適量

製作方式

1. 將板麩切為1cm寬，浸泡在材料A當中使其入味，灑上太白粉。
2. 以熱油平底鍋煎步驟1的板麩。
3. 留兩條茄子，其他去皮後用菜刀打碎。
4. 將步驟3中打碎的茄子與材料B攪拌在一起，然後將步驟2的板麩加入。
5. 剩下的茄子縱向對切後盛裝在盤子上，灑上鹽後將步驟4的材料放上。最後灑上黑橄欖、巴西里以及橄欖油。

Point 訣竅在於為板麩調味

板麩是能讓人享用肉類口感的材料。先調味再炸就會縮起來，有著更像肉類的存在感。也非常推薦調好味之後冷凍，以使用薄肉片的方式來加入炒蔬菜等。

一般的烤茄子只要改變一下
調味及裝盤，就成了前菜。
請冷卻後享用。

APPETIZER

Vegan Ricotta Cheese & Beet Salad

里考塔起司風味餡料與甜菜沙拉

材料 2人分

甜菜…小型1個
菜嬰…適量
核桃…5顆（乾煎後拍碎）
葡萄乾…10顆（剁小塊）
里考塔起司風味餡料…右列總量

A
- 橄欖油…2大匙
- 檸檬汁…1大匙
- 鹽…¼小匙

製作方式

1. 將甜菜皮徹底洗乾淨以後，用鋁箔紙包緊。
2. 將步驟1的甜菜放入180℃的烤箱中烤40分鐘。若長籤非常順利穿過去就從烤箱中取出，靜置冷卻。
3. 將切成一半的甜菜、菜嬰、核桃及葡萄乾拌在一起。
4. 用湯匙挖取里考塔起司風味餡料放在菜上，淋上混在一起的材料A作為沙拉醬。

里考塔起司風味餡料

●材料　2人分（約150ml量）

豆漿…400ml
檸檬汁…3大匙

●製作方式

1. 將所有材料放入鍋中，開火直到沸騰後關火。
2. 放在鋪了紗布或者廚房紙巾的濾網上瀝乾一整晚。

APPETIZER

Avocado Fritto

酥炸裹漿酪梨

材料 2人分

酪梨…2個
鹽麴…2大匙
米澱粉…適量
A
- 米澱粉…60g
- 發粉…⅔小匙
- 水…60ml～
- 炸油…適量

黃甜椒醬…右列適量
紅甜椒醬…右列適量

製作方式

1. 將酪梨對半切開，拌好鹽麴備用。
2. 將米澱粉灑在步驟1的酪梨上，沾取已經混好的材料A作為麵衣。
3. 以熱油將步驟2的酪梨炸到酥脆。
4. 與紅黃兩色甜椒醬一起裝盤。

紅（黃）甜椒醬

●材料 2人分（約150ml左右）

紅（黃）甜椒…1個
橄欖油…30ml
鹽…¼小匙

●製作方式

1. 將紅（黃）甜椒整個放入200°C烤箱中烤30分鐘。
2. 將步驟1的甜椒去皮後與其他材料使用攪拌機攪拌。

Point 烤焦可以提升風味

用烤箱或者烤網將甜椒烤到皮完全黑焦之後，再把皮剝掉。烤焦能讓皮更好剝，也可以增添風味使甜椒更加美味。甜椒醬沒有用完也可以當成其他沾醬使用。

SOUP

Turnip Potage

蕪菁濃湯

材料 300ml左右

洋蔥…30g（切薄片）
油…適量
蕪菁…2個（削皮後滾刀處理）
菜雜高湯（p.023）…50ml
月桂葉…1片
豆漿…100ml
鹽…¼小匙
生薑…少許

製作方式

1. 熱油翻炒洋蔥，軟化後就將蕪菁也放下去拌炒。
2. 加入菜雜高湯與月桂葉後開小火燉煮15分鐘。
3. 加入豆漿與鹽巴，以食物處理機打成濃湯。
4. 放入少許生薑泥增添些許風味。隨個人喜好灑上黑胡椒。

SOUP

Pumpkin Potage

南瓜濃湯

材料 300ml左右

南瓜…100g（去皮後滾刀處理）
油…1小匙
洋蔥…20g（切薄片）
小麥粉…1小匙
杏仁奶…200ml
鹽…¼小匙
酵母粉（p.158）…1小匙
南瓜種子…少許

製作方式

1. 以充滿蒸氣的蒸籠來蒸南瓜5分鐘。
2. 熱油翻炒洋蔥直到洋蔥變透明。
3. 將小麥粉加進步驟2的鍋中，炒到粉類與洋蔥融合。
4. 慢慢加入杏仁奶並攪拌。
5. 將步驟1的南瓜放入鍋中煮2～3分鐘，加入鹽巴與酵母粉，用手動攪拌器打成濃湯。
6. 裝盤後灑上南瓜種子。隨個人喜好也可淋上一些植物性鮮奶油。

SOUP

Almond Milk Vichyssoise

杏仁奶冷湯

材料 400ml左右

馬鈴薯…中型1個（100g・切薄片）
洋蔥…¼個（50g・切薄片）
油…適量
水…200ml
高湯昆布…1片
杏仁奶…200ml
鹽…½小匙

製作方式

1 熱油拌炒馬鈴薯與洋蔥。

2 放入高湯昆布與水3～4分鐘，煮到蔬菜變軟。

3 將步驟2的材料與杏仁奶一起用手動攪拌器打成濃湯狀，以鹽巴調味。依個人喜好灑上義大利香芹。

SOUP

Tomato Potage
番茄濃湯

材料　650m左右

切塊番茄罐頭…1罐
洋蔥…½個（100g・切薄片）
大蒜…1片（切薄片）
水…100ml
豆漿…200ml
油…適量
鹽…¼小匙

製作方式

1 以熱油平底鍋翻炒大蒜及洋蔥。

2 等到洋蔥變透明，就加入切塊番茄罐頭及水，煮5分鐘。

3 從火上取下鍋子，稍微冷卻後以攪拌機攪拌。

4 將步驟3的鍋子放回火上，加熱的同時加入豆漿，以鹽巴調味。

MAIN

Soybean Meat and Mushroom Steak

大豆素肉與磨菇牛排

材料　2片量

A
- 大豆素肉（塊狀款）…12個（40g，泡發之後徹底擰乾）
- 鹽麴…2小匙
- 米油…2小匙

舞菇…200g（撕成小塊）
高筋麵粉…75g
油…適量
焦糖洋蔥肉汁風味醬…右列總量

製作方式

1. 將材料A放入塑膠袋中搓揉，使其入味。
2. 平底鍋不抹油，將舞菇排放在內開中火乾煎，不要攪動舞菇，烤3分鐘。
3. 將步驟1和2的材料放入食物處理機中打（不需要打到完全滑稠，大約是素肉變成鮪魚片那樣的程度即可）。
4. 添加高筋麵粉做成餡料，分為兩半捏成漢堡排的形狀。
5. 以熱油平底鍋煎步驟4的材料直到兩面煎熟。
6. 將漢堡排擺盤並附上焦糖洋蔥肉汁風味醬。

焦糖洋蔥肉汁風味醬

●材料　90ml左右

市售的焦糖洋蔥…50g
白酒…2大匙
椰子油（無臭款）…10g
醬油、伍斯特醬…各1小匙
鹽…¼小匙
白胡椒…¼小匙
小麥粉…¼小匙

●製作方式

1. 將所有材料放入鍋中徹底攪拌均勻，溶化小麥粉。
2. 將步驟1開中火加熱同時攪拌，等到水分煮乾、轉為濃稠狀態以後就關火。

Point　將大豆素肉打成碎塊帶出口感

用食物處理機打大豆素肉的時候，重點就在於不要打到太柔滑的狀態。保留一些碎塊狀態，這樣大豆素肉的纖維能讓人吃起來更有肉類的口感。做成肉餅狀會是漢堡排風格，因此絕對不能打過頭。

這不是漢堡而是排類。

要讓口感接近

絕竅就在於打碎大豆素肉。

MAIN

Tomatoes Stuffed with Beans

番茄填肉風味料理

材料 3人分

番茄…中型3個（挖空中間）
花豆（水煮）…50g（剁小塊）
花豆（水煮）…50g（壓碎）
油…適量
大蒜…1片（剁碎）

A
- 鴻喜菇…50g（剁碎）
- 洋蔥…50g（剁碎）
- 杏仁…30g（拍大塊）

B
- 麥味噌…1小匙
- 醬油…1小匙
- 米澱粉…1小匙

C
- 椰子奶…3大匙
- 味噌…1大匙
- 蒜泥…⅓小匙

製作方式

1. 以熱油翻炒大蒜，爆香以後加入材料A拌炒。此時將剁碎的番茄果肉加入，翻炒到收乾。
2. 加入剁碎的花豆拌炒後另外放在大碗中，與壓碎的花豆及材料B拌在一起。
3. 將步驟2的材料填入番茄當中，以250℃的烤箱烤7～8分鐘。附上材料C攪拌而成的醬料。

MAIN

Mushroom Stuffed with Soy Meat

巨大磨菇填肉風味料理

材料 2人分

巨大磨菇…2個
磨菇…50g（剁碎）
油…適量
大豆素肉（顆粒款）…30g（泡發）
A［洋蔥…50g（剁碎）
　 大蒜…1片（剁碎）
B［鹽麴…1小匙
　 醬油…1小匙
C［米澱粉…1小匙
橄欖油（最後裝飾用）…適量
植物性起司（可添加）…適量

製作方式

1. 以熱油平底鍋翻炒大豆素肉，放在盤子上預備。
2. 將平底鍋清乾淨之後，熱油翻炒材料A，等到洋蔥變透明就加入剁碎的磨菇與步驟1的材料拌炒。
3. 以材料B調味後關火，拌入材料C做成餡料。
4. 取下巨大磨菇的蒂頭，將步驟3的餡料填入，灑上適量的植物性起司，以250℃的烤箱烘烤7～8分鐘。淋上橄欖油。

Gluten Milanese Cutlets

米蘭風炸豬排風味麵筋

材料 1片量（2～3人分）

麵筋…右列總量
鹽…¼小匙
小麥粉…適量
山藥…30g（磨成泥）
A［麵包粉…¼杯
A［酵母粉…1大匙
A［巴西里剁碎…1大匙
橄欖油…4大匙
迷你番茄的番茄醬…下列總量

製作方式

1. 將麵筋薄薄切開。
2. 依序沾附小麥粉、山藥、混入鹽巴的材料A。
3. 以平底鍋加熱橄欖油，煎炸步驟2的麵筋兩面。
4. 附上迷你番茄的番茄醬裝盤，隨個人喜好裝飾迷迭香。

Point 〉大豆素肉打成大塊狀態做出口感

提到取代肉的材料，多半會提到大豆素肉，但是小麥蛋白做成的麵筋的彈性也魅力十足。也沒有太過突出的異味。可以整塊煮熟以後像照片這樣從中剖開做成炸排，又或者做成烤肉。

麵筋

●材料 容易製作的分量
A［麵筋粉（p.158）…100g
A［打底用粉…10g
A［鹽…¼小匙
B［水…200ml
高湯昆布…1片
C［水…300ml
醬油…1大匙

●製作方式

1. 將材料A放入大碗中，以長筷仔細攪拌。
2. 將材料B的水慢慢淋進去，以長筷攪拌。結塊以後就用手好好捏揉，使其不再有粉感。為了在煮的時候能夠熟透，分為兩分並捏成圓盤狀。
3. 將昆布舖在鍋中，放入步驟2的麵筋，添加材料C的水與醬油後煮30分鐘。

迷你番茄的番茄醬

●材料 醬料200ml左右
大蒜…½片（剁碎）
橄欖油…適量
迷你番茄…1包（取掉蒂頭並以熱水去皮）
鹽…⅓小匙
粗磨黑胡椒…¼小匙
醬油…½小匙
巴西里（新鮮）…5片（3g，剁小塊）
時蘿（新鮮）…少許（剁碎）

●製作方式

1. 加熱橄欖油翻炒大蒜。
2. 爆香以後快速炒一下迷你番茄，加入鹽、胡椒與醬油調味。放入巴西里與時蘿就關火。最後可以再裝飾一點時蘿。

麵筋那

蓬鬆軟綿的口感

有著與大豆素肉不同的魅力。

分量比肉類還多！

Quinoa and Chickpea Dumplings

藜麥鷹嘴豆肉丸

材料　2人分（10～12個量）

A
- 鷹嘴豆（水煮）…75g（壓碎）
- 藜麥（煮過）…75g
- 洋蔥…¼個（50g，剁碎）
- 大蒜…1片（壓碎）
- 巴西里…3g
- 薄荷（剁碎）…0.7g
- 麵包粉…15g
- 鹽…¼小匙
- 小麥粉…⅓大匙～

油…適量
豌豆香菜醬…右列總量

製作方式

1 將材料A放在大碗中攪拌均勻，搓成丸子的形狀。小麥粉的量視成型狀況來調整。

2 以熱油炸步驟1的丸子。

3 盛裝至淋了豌豆香菜醬的盤子上。

豌豆香菜醬

●材料　150ml量（2～3人分）
豌豆（煮過）…100g
香菜…15g（稍微剁一下）
橄欖油…1大匙
豆漿…3大匙
鹽…½小匙

●製作方式
將所有材料放入食物處理機中攪拌，或者用手動攪拌器打到成為泥狀。

只使用豆類會有強烈豆味，

加上藜麥就會變得清爽。

帶嚼勁的口感也魅力十足。

Braised Soy Meat in Red Wine & Spinach Rice

紅酒燉大豆素肉&菠菜飯

紅酒燉大豆素肉

材料　2人分

大豆素肉（塊狀款）…30g（泡發）
油…適量
A［大蒜…1片（剁碎）
　 橄欖油…2大匙
洋蔥…1個（200g・剁碎）
磨菇…5個（50g・切薄片）
紅酒…50g
切塊番茄罐頭…1罐
月桂葉…2片
B［鹽麴…1大匙
　 味噌…1小匙

製作方式

1 將大豆素肉的水擰乾，如果太大塊就切成一口大小之後用熱油素炸。

2 將材料A放入平底鍋中加熱。

3 爆香以後加入洋蔥，翻炒到成為焦糖色。

4 加入磨菇、月桂葉拌炒，倒入紅酒之後熬煮到剩下1/3量。

5 加入切塊番茄罐頭，稍微煮5分鐘收乾。加入材料B及步驟1的大豆素肉後再煮2分鐘關火。

菠菜飯

材料　2人分

菠菜…20g（煮5分鐘）
橄欖油…適量
大蒜…1片（剁碎）
白飯…2碗量

製作方式

1 將菠菜放入食物處理機中打成漿狀。

2 加熱橄欖油與大蒜，爆香以後放入白飯及步驟1的菠菜泥，做成綠色的飯。

＊菜漿也可以做成濃湯或者醬料，可以把一把菠菜都打成漿之後冷藏或者冷凍保存。

使用大量紅酒能夠
去除大豆素肉特有的氣味，
使口味更加深奧。

使用豆腐取代

馬斯卡彭起司的健康食譜。

口味濃郁令人驚訝。

DESSERT

Almond Milk Tiramisu

杏仁奶提拉米蘇

材料 容易製作的分量（160ml容器6個量）

A
- 嫩豆腐…大型1塊（400g，徹底瀝乾）
- 檸檬汁…2又⅔大匙
- 甜菜糖…6大匙

杏仁奶…300g
早餐穀片…120g
義式咖啡…½杯
可可粉…適量

製作方式

1. 將材料A以食物處理機打成膏狀，放到大碗裡加入杏仁奶後攪拌均勻。
2. 將早餐穀片泡在咖啡當中使其稍微膨脹，用搗泥器搗碎之後放在容器底部。
3. 將步驟1的材料放入步驟2的杯中，放入冰箱冷卻凝固。
4. 享用前灑上可可粉。

堅果搭配果乾以及酪梨。
只需要使用這些健康的材料
就能打造出口味濃郁的生機甜點。

DESSERT

Walnut and Avocado Tart

胡桃酪梨塔

材料　16cm塔用模型1個量

＜餅皮＞

- 生核桃…100g（乾煎過）
- 椰棗…50g（去掉種子後切成一口大小）
- 楓糖漿…1大匙

＜餡料＞

- 酪梨…小型2個（250g・去皮及種子、切成大塊）
- 楓糖漿…80ml
- 檸檬汁…1大匙

＜裝飾用＞

- 藍莓、蔓越莓、草莓…各1包

製作方式

1. 將核桃鋪放在平底鍋當中，以小火加熱。把所有餅皮用材料一起用食物處理機打碎。
2. 將步驟1的材料鋪在模型當中。
3. 以食物處理機攪拌餡料用的材料後，倒入步驟2的模型當中。放進冰箱當中冷藏2小時凝固（也可以再放入冷凍庫當中使其結凍。這種情況下可以放在常溫當中使其溫度稍微回升後，以半解凍狀態使用）。
4. 放上水果裝飾。
5. 自模型中取出切塊。

＊如果完全融化，會非常不好脫模，因此請在半解凍的狀態下切塊。

甜酒草莓冰

●材料　容易製作的分量（約150ml量）

甜酒…100ml
草莓…3～4顆

●製作方式

1. 將材料放入塑膠袋中搓揉，壓碎草莓同時將兩者混勻。
2. 整袋放入冷凍庫中使其結凍。

Point 就算是塔皮也不需要烘烤便能完成

生機甜點似乎非常困難，但其實不烘烤來製作的話就很輕鬆。只需要將堅果及果乾粉碎之後填充在模型當中即可。一旦記得這種製作餅皮的方法，餡料就非常自由了。也可以把餅皮材料捏成圓型做成零食。

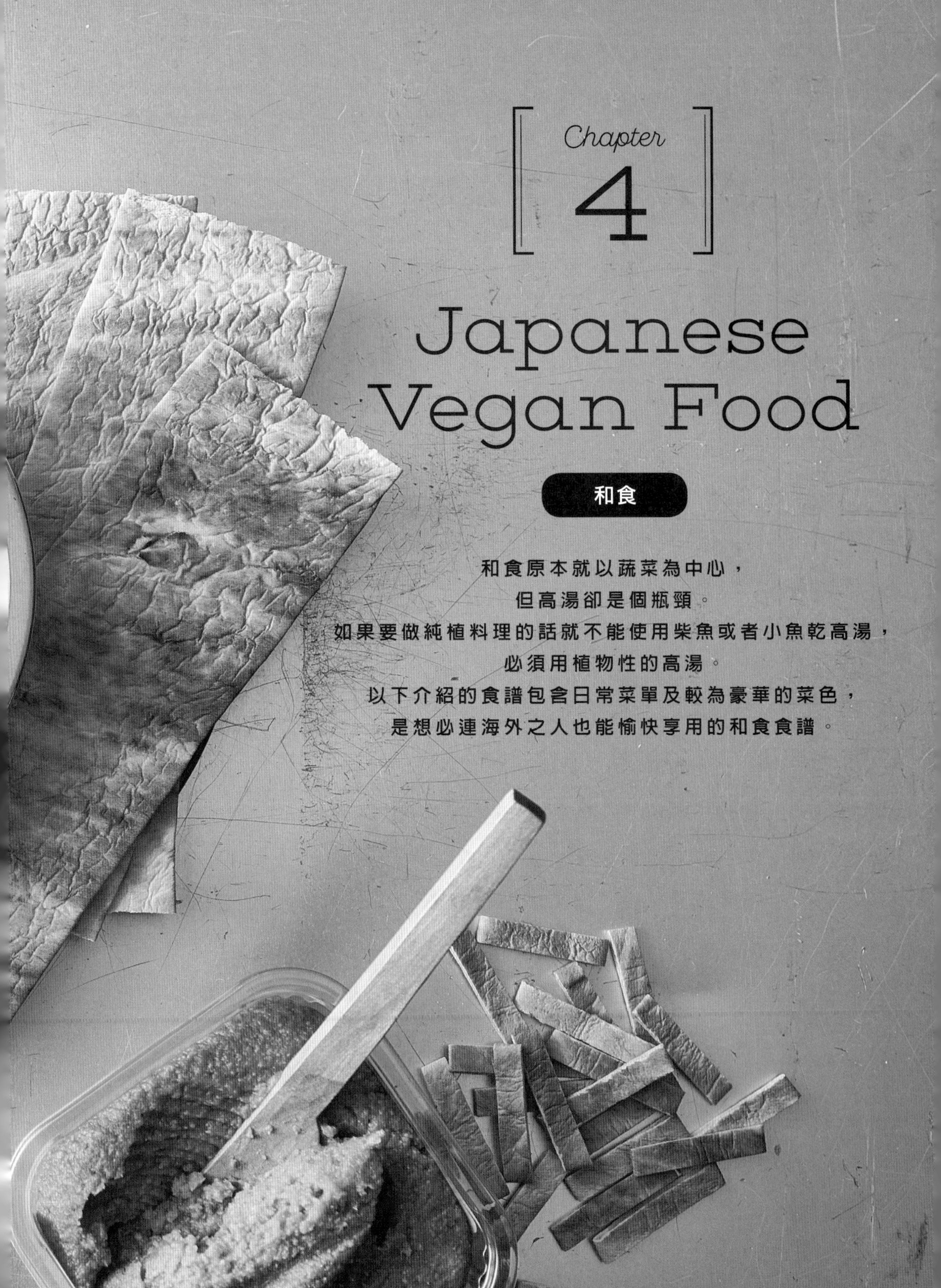

Chapter 4

Japanese Vegan Food

和食

和食原本就以蔬菜為中心，
但高湯卻是個瓶頸。
如果要做純植料理的話就不能使用柴魚或者小魚乾高湯，
必須用植物性的高湯。
以下介紹的食譜包含日常菜單及較為豪華的菜色，
是想必連海外之人也能愉快享用的和食食譜。

材料可以隨意。
只要麵衣使用米澱粉，
同時也能做成無麩質料理。

Vegetable Tempura

蔬菜天婦羅

材料　2人分

菜豆…4條（去筋）
茄子…1條（縱切為8mm厚）
蓮藕…8mm厚圓片2片
南瓜…8mm厚三角片狀2片
A［嫩豆腐…100g（切為大塊）
　醬油…1大匙
米澱粉…適量
B［米澱粉…4大匙
　水…90ml
　鹽…1/8小匙
炸油…適量
C［孜然粉、鹽…各1/4小匙
D［甜椒粉、鹽…各1/4小匙
E［咖哩粉、鹽…各1小匙

製作方式

1. 將材料A搭配在一起讓醬油入味。
2. 將蔬菜與步驟1的材料沾上一層薄薄的米澱粉以後，再沾取混合材料B做成的麵衣。
3. 以熱油炸到酥脆，添上C、D、E各自混勻的香料鹽。

Point　除了蔬菜以外使用其他材料來變化菜色

只有蔬菜做成的料理也不錯，不過如果能放些豆腐等植物性材料的話，也可以增添分量。淋上醬油調味過的嫩豆腐，是有著像魚膘般具彈性又滑嫩的菜色。

只要有美味的醋飯，
材料放什麼都不是問題。
除了此處介紹的以外，
也能做成涼拌菜或者醋漬料理。

Vegan Sushi

純植壽司

材料 0.5合尺寸押壽司模型2條量

白飯（煮成較硬的樣子）…1合量

A
- 醋…25ml
- 甜菜糖…1大匙
- 鹽…½小匙

B
- 檸檬…½個（切薄片）
- 楓糖漿…1小匙

C
- 小黃瓜…½條（直切為薄片）
- 柚子胡椒…¼小匙
- 醬油…½小匙

黑橄欖…3個（切圓片）

D
- 紅洋蔥…¼個（切薄片）
- 鹽…¼小匙

E
- 菠菜…¼把（水煮後切大段）
- 醬油麴…1小匙
- 芝麻油…½小匙

F
- 紅蘿蔔…¼條（切絲）
- 醬油…1小匙

製作方式

1. 將白飯與材料A混在一起，製作為醋飯。
2. 將B、C、D、E、F各自拌勻使其入味，將這些材料預備好放著。
3. 將材料B放入押壽司的模型當中，然後將材料C鋪在上面，塞滿醋飯以後再翻過來脫模。最後灑上黑橄欖。
4. 依序將D、E放入押壽司的模型當中，塞入醋飯再翻過來脫模，灑上材料F紅蘿蔔絲。
5. 裝盤，可以灑上菊花花瓣作為裝飾。

Point 將材料疊放在一起使押壽司更美麗

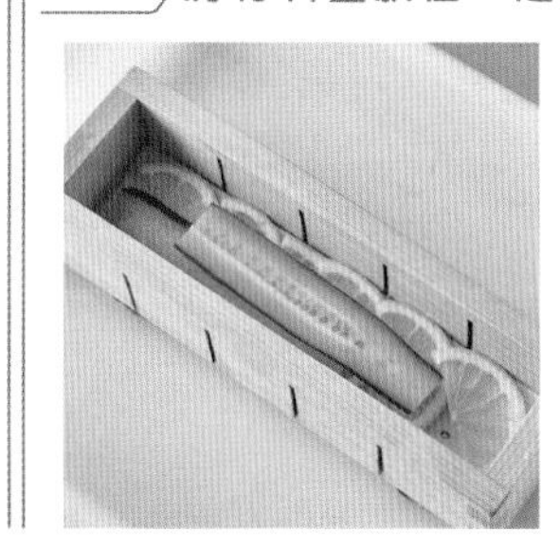

使用多種材料時，最好能看見所有材料。由於材料要先放入模型底部，因此剛開始不要鋪滿，稍微空一些位置擺放。接下來的材料也要錯開。這樣一來翻過來脫模的時候，就能夠看見所有材料、非常豪華。

Vegan Grilled Chicken & Bamboo Shoot Tsukune

烤雞風味大豆素肉&雞肉串風味筍子

烤雞風味大豆素肉

材料 2人分

大豆素肉（塊狀款）
…30g（泡發後切成一口大小）
油…適量
A［醬油、酒、味醂
…各1大匙（煮滾一次使其揮發）

製作方式

1 將大豆素肉擰乾之後，以熱油素炸。

2 以平底鍋烤步驟1的材料，拌上材料A。

3 放在托盤上，以火焰噴槍稍微烤焦。

雞肉串風味筍子

材料 2人分

A［水煮筍子…70g（磨成泥）
水煮大豆…50g（壓碎）
長蔥…7.5cm（20g・剁碎）
太白粉…2大匙
炸油…適量
B［味醂、醬油、酒…各⅔大匙

製作方式

1 將材料A於大碗中拌勻捏成丸子形狀，以熱油炸到酥脆。

2 以平底鍋將材料B煮滾之後把步驟1的材料放進去拌勻。

大豆素肉的烤雞肉與
雞肉串風味的筍子。
可以享用不同的口感與口味。

鮮味不輸雞骨高湯。
利用乾貨的鮮甜及風味
打造出不會膩口的美味。

Vegan Soy Sauce Ramen

純植醬油拉麵

材料　2人分

<湯頭>

- 水…800ml
- 高湯昆布…5g
- 乾香菇…5g
- 蘿蔔絲乾…5g
- 長蔥…20g（斜切為薄片）
- 生薑…10g（切薄片）
- 大蒜…10g（切薄片）
- 金針菇…40g（去蒂頭後切大段）
- 洋蔥…50g

醬油高湯…右列適量（1碗大約需要2又½大匙）

中華麵…2球

<裝飾用>

- 東坡肉風味車麩…右列總量
- 長蔥…5cm（切小段）
- 豆芽菜…50g（快速汆燙）
- 青江菜…1棵（水煮過）

製作方式

1. 將湯頭用的材料全部放入鍋裡，開中火煮，沸騰後就關成小火熬煮30分鐘。
2. 濾掉材料留下湯汁。測量若不足600ml就加水。
3. 將醬油高湯放入碗中，倒入溫熱的步驟2湯頭，放入煮好的麵條。
4. 擺上東坡肉風味車麩、長蔥、豆芽菜、青江菜。高湯的量隨喜好調整。

醬油高湯

●材料　容易製作的分量（1碗大約需要2又1/2大匙）

蒜泥…¼小匙
白芝麻油…2小匙
味醂…3大匙（煮到揮發）
醬油、淡醬油…各2又⅓大匙

●製作方式

將所有材料拌在一起使味道融合。

東坡肉風味車麩

●材料

車麩…2個

A
- 酒…50ml
- 醬油…25ml

太白粉…適量
炸油…適量

●製作方式

1. 將車麩泡發擰乾，浸泡在材料A當中。
2. 步驟1的車麩灑上太白粉，以多一點油下去炸。
3. 將步驟2的車麩放在平底鍋或小鍋上，淋上步驟1剩下的醬汁後開火，煮到收乾。

Point　拉麵湯的湯頭基礎上是蔬菜底

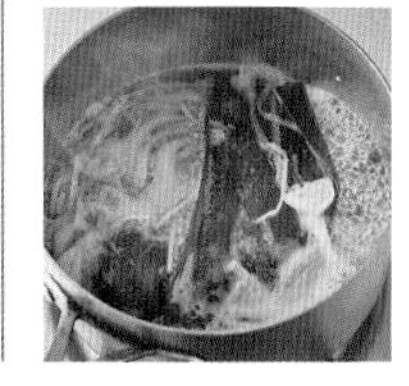

純植料理不使用動物性高湯。一般料理當中會使用昆布高湯，但若是拉麵湯這類希望能較有深度的，就會添加豆類或乾貨。味噌拉麵等口味濃郁的湯，在煮湯頭的時候也可以添加蔬菜。

Stewed Fu and Potatoes

馬鈴薯燉肉風味料理

材料 2人分

板麩…2片（泡水10分鐘泡開）

A
- 馬鈴薯…2個
  （300g・滾刀切成一口大小）
- 洋蔥…½個（100g・切為三角片狀）
- 蒟蒻絲…80g（切大段）

油…適量

B
- 昆布高湯…½杯
- 酒…3大匙

醬油…2大匙

味醂…1大匙

荷蘭豆…5片（水煮過）

製作方式

1. 將板麩完全擰乾後切成大塊。以熱油稍微炸一下。
2. 以熱油在鍋中拌炒材料A，稍微過火後就加入步驟1的板麩及材料B，蓋上鍋蓋燉煮12～13分鐘直到馬鈴薯變軟。
3. 加入醬油與味醂，不時轉動一下鍋子直到湯汁收乾後關火，擺上切成一半的荷蘭豆作為裝飾。

Stewed Vegetables & Soy Meat

大豆素肉筑前煮

材料　2人分

大豆素肉（塊狀款）
…10g（泡發後切為容易食用的大小）
米油…1大匙

A
- 酒…1大匙
- 醬油…1小匙

B
- 蓮藕…⅓節（50g・滾刀切塊）
- 山藥…2個（100g・切為容易食用的大小）
- 乾香菇…2片（用1杯水泡開，切為容易食用的大小）
- 牛蒡…30g（滾刀切塊）
- 紅蘿蔔…30g（滾刀切塊）
- 蒟蒻…⅓片（80g・切為容易食用的大小）

昆布高湯…½杯

C
- 醬油…1小匙
- 鹽…¼小匙
- 味醂…1大匙

製作方式

1. 熱油翻炒大豆素肉，拌上材料A。
2. 將材料B放入步驟1中拌炒。
3. 倒入泡發香菇用的湯汁及昆布高湯，熬煮到材料變軟。
4. 放入材料C調味。

不遜於鰻魚的分量感。
將大和芋換成山藥的話，
就能做出鬆軟口感。

Eel and Rice & Umeboshi Parsley Soup

鰻魚飯&梅干芹菜清湯

鰻魚飯

材料 2人分

大和芋…300g（磨成泥）
豆渣…100g
太白粉…2小匙
烤海苔…全形1片
油…適量
山椒粉…適量
A
- 味醂、酒…各3大匙
- 醬油…3大匙
- 蔗糖…½小匙

白飯…2碗量

製作方式

1. 將大和芋、豆渣、太白粉混在一起，貼上切成兩半的烤海苔。用長筷劃出圖樣。
2. 以熱油炸步驟1的材料。
3. 將材料A放入小鍋裡，開中火稍微熬煮到帶濃稠度後就關火。
4. 將步驟3的材料塗抹在步驟2的材料上同時燒烤，出現光澤以後就放到以經盛裝好白飯的飯盒上。

Point 貼好海苔後以筷子畫圖樣

為了要看起來像鰻魚，可以畫上魚骨的圖樣。將豆渣與大和芋做成的餡料放在海苔上，用長筷或者刀子先在中間劃出凹陷，然後描繪圖樣。之後輕輕放入油中炸。

梅干芹菜清湯

材料 2人分

A
- 梅干…2個（用筷子鬆開）
- 酒…1大匙
- 柚子胡椒…¼小匙

芹菜…適量（切大片）

製作方式

1. 將材料A放入鍋中並添加300ml水（不在食譜分量內）開中火。
2. 稍微煮滾後添加芹菜再關火。

Rice Served in a Bowl with Radish Cutlet

蘿蔔（豬）排飯

材料　2人分

蘿蔔…200g（切為1cm厚圓片）
A［酒、水…各4大匙
　醬油…1又⅓大匙］
小麥粉…適量
山藥…150g（磨成泥）
麵包粉…適量
炸油…適量
B［昆布高湯…100ml
　豆漿…200g
　洋蔥…大型¼個（60g・切薄片）］
醬油…2大匙
山藥…160g（磨成泥）
鴨兒芹…適量（隨意切段）
白飯…2碗量

製作方式

1. 將蘿蔔放入鍋中，加入材料A後加蓋開中火。
2. 蒸煮2分鐘以後關火。
3. 將步驟2的蘿蔔依序沾附小麥粉、山藥、麵包粉，以熱油炸。切成容易食用的大小。
4. 將材料B放入鍋中煮1分鐘，把步驟3的蘿蔔放入之後以醬油調味，淋上山藥泥後蓋上鍋蓋稍微加溫。加熱過頭則山藥泥會過硬，因此灑上鴨兒芹後要馬上關火。
5. 將步驟4的材料放在已經盛裝白飯的碗中。

Point 用山藥泥取代雞蛋

純植菜色的雞蛋風味食譜種類繁多，如果要做成蛋花風格，用山藥泥會比較輕鬆。就像倒蛋汁一樣把山藥泥倒下去即可。加熱過頭會變得過於厚重，因此訣竅就在於加進去之後要馬上關火。

炸排裡面竟然是蘿蔔。
爽脆口感與那
微苦便是美味的秘密。

Steamed Soy Milk Custard

茶碗蒸風味豆漿料理

材料 2人分

A
- 豆漿…100ml
- 昆布高湯…100ml
- 山藥…120g（磨成泥）
- 鹽…1/5小匙
- 醬油…1/2大匙

銀杏…4顆
秋葵…2條（水煮後切斜片）
鴨兒芹…適量（切大片）

B
- 酒、昆布高湯…各2大匙
- 淡醬油…2小匙
- 太白粉…1/2小匙

製作方式

1 將材料A全部混合在一起放入容器中，加入銀杏、秋葵，以充滿蒸氣的蒸籠蒸7分鐘。

2 放上鴨兒芹。

3 將材料B攪拌均勻後開火，沸騰並轉濃稠以後就淋在步驟2的材料上。

Vegan Shinjo

蝦子真薯風味料理

材料 2人分

A
- 山藥…100g（磨成泥）
- 紅蘿蔔…¼支（30g・磨成泥）
- 昆布粉…¼小匙

B
- 昆布高湯…200ml
- 淡醬油…2小匙
- 酒…1大匙
- 銀杏…6顆

荷蘭豆…適量

製作方式

1. 將材料A攪拌均勻，用保鮮膜捏成乒乓球大小，用橡皮筋綁起來。以熱水煮3分鐘。
2. 將材料B放入鍋中煮到滾以後，加入步驟1的真薯後裝碗。
3. 放上水煮荷蘭豆裝飾。

Point 用保鮮膜包起預煮

做成蝦泥風格的餡料若能先用保鮮膜包好煮熟，放入湯後就不會讓湯頭混濁。紅蘿蔔是用來作為蝦子顏色而放的，如果用甜菜就會是紅色，或者也可以維持白色作成魚丸的風格。

Fried Konnyaku

炸蝦風味蒟蒻料理

材料　2人分

白蒟蒻…1片（200g）

A
- 淡醬油…2小匙
- 酒…2大匙
- 昆布高湯…2大匙

B
- 昆布粉…1小匙
- 甜椒粉…¼小匙
- 鹽麴…2小匙

小麥粉…適量
山藥…80g（磨成泥）
麵包粉…適量
紅蘿蔔…適量

C
- 豆腐美乃滋（p.047）…50g
- 醋漬小黃瓜…20g（剁小塊）

炸油…適量

製作方式

1 將白蒟蒻切為寬1cm的棒狀，排列在托盤上放入冷凍庫冷凍1～2小時。

2 將步驟1的材料輕輕水洗後擰乾，將材料A煮到水分收乾。放涼以後瀝乾，灑上材料B。將紅蘿蔔切成小小片的扇形插在尾端。

3 將步驟2的材料依序沾上小麥粉、山藥、麵包粉，以熱油炸到酥脆起鍋。

4 搭配高麗菜等自己喜好的蔬菜，將材料C混在一起做成塔塔醬一起裝盤。

Point 訣竅在於稍微冷凍一下蒟蒻

冷凍蒟蒻在解凍的時候會逼出當中的水分，使其成為海綿狀。這就是讓蒟蒻吃起來有蝦子口感的訣竅。完全結凍的話口感會變得太硬，因此最好稍微冷凍個1～2小時就好。使用前再從冷凍庫中取出，用水搓揉使其恢復原狀。

帶彈性的口感不輸給蝦子。

秘訣就在於稍微冷凍一下。

事前調味也能讓人享受海洋香氣。

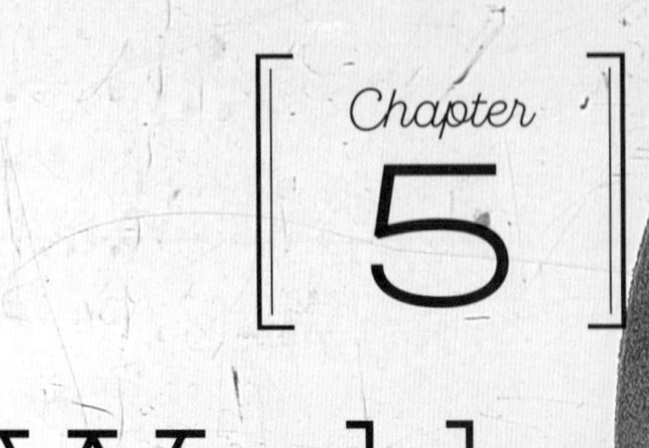

Worldwide Vegan Dish

世界純植

純植料理的文化
遍及全世界。
在亞洲有佛教相關的素食、
還有充滿香料的東方料理，
都能夠以純植的方式享受。
如果想做出觀感不同的純植料理
或者招待客人的菜色，
還請務必參考以下食譜。

高野豆腐的口感
就像是雞肉。
也可以使用大豆素肉代替。

Thai Styled Coconut Curry

泰式風味椰子咖哩

材料　2人分

高野豆腐…1塊（泡發後撕為一口大小）
油…適量
豆芽菜…200g
洋蔥…¼個（50g・切薄片）
紅色甜椒、青椒…各30g（切薄片）
A［大蒜、生薑
…各1片（剁碎）
椰子奶…150ml
豆漿…50ml
水…100ml
白味噌…20g
鹽…¼小匙
咖哩粉…1大匙
香菜…適量

製作方式

1. 在鍋中以熱油素炸高野豆腐。
2. 在鍋中熱油拌炒材料A，爆香以後拿來炒蔬菜，菜軟了以後就加入步驟1的材料及椰子奶、豆漿、水、白味噌、鹽巴、咖哩粉煮到滾。
3. 裝好白飯後淋上咖哩。附上一些香菜。

Soybean Meat Gapao Rice

大豆素肉泰式香料飯

材料　2人分

大豆素肉（塊狀款）
…30g（泡開後切成大塊）
炸油…適量
青椒…1個（切為1cm塊狀）
紅色甜椒…¼個（切為1cm塊狀）
洋蔥…¼個（50g・切為1cm塊狀）
水煮筍子…30g（切為1cm塊狀）
A［大蒜…1片（剁碎）
　 辣椒…1條（切小段）
油…適量
醬油…1大匙
白醬油…½大匙
甜菜糖…½小匙
巴西里…5片（撕碎）
白飯…適量

製作方式

1 在鍋中以熱油素炸大豆素肉。
2 在平底鍋中以熱油拌炒材料A，爆香後用來拌炒其他蔬菜。
3 等到蔬菜變軟以後，以醬油、白醬油、甜菜糖調味，最後混入巴西里。
4 盛好白飯裝盤。

Tom Yum Kung with Mushrooms

菇類冬陰湯

材料　2人分

大蒜…小型1片（剁碎）
油…適量
蘿蔔絲乾…5g（清洗後切大塊）
草菇（罐頭）…100g
舞菇…30g（撕開）
磨菇…1g（切薄片）

A
- 鹽昆布…3g
- 萊姆果汁…2小匙
- 白醬油、淡醬油…各½小匙
- 辣油…½小匙

昆布高湯…400ml
香菜…適量

製作方式

1. 在平底鍋中以熱油翻炒大蒜。
2. 爆香以後加入蘿蔔絲乾、草菇、舞菇及磨菇拌炒。
3. 加入昆布高湯，放入材料A，沸騰以後關火。
4. 盛裝至容器內，灑上香菜。

Vegan Spring Rolls
純植生春捲

材料　2人分

米紙…4張（過水泡開）
紅葉萵苣…2片（撕成大塊）
小黃瓜…½條（切絲）
紅蘿蔔…¼條（切絲）
豆芽菜…100g（水煮後瀝乾）
紫色高麗菜…35g（切絲）
紫蘇…4片
磨菇…3顆（切薄片）
甜菜…30g（剁碎後水煮）
韭菜…3～4支

A
- 醋…1又½大匙
- 楓糖漿…1大匙
- 辣油…適量
- 白醬油…1小匙
- 紅辣椒…1條（切小段）

製作方式

1 將紫蘇鋪在米紙上，把蔬菜包起來。
2 將材料A混在一起作為醬料附上。

Point　包生春捲時最後放色彩鮮豔的餡料

生春捲最棒的就是透明外皮下可以看到五彩繽紛的餡料。重點就在於選擇內餡時搭配綠、橘、紅、黃等色彩豐富的蔬菜。希望特別凸顯出來的顏色，就在快捲好時再放上，如此便非常美麗。

Glass Noodles Salad Thai Style

泰式冬粉沙拉

材料 2人分

冬粉…30g
黑木耳…5片（泡發後切細絲）
紫洋蔥…1/8個（20g・切薄片）
芹菜…1/3支（30g・切細絲）
紅色甜椒…1/4個（40g・切細絲）
豆芽菜…50g
腰果…7顆（拍碎）
香菜…1/2棵

A
- 辣椒（切小段、或者拍碎）…1條
- 檸檬汁（或醋）…1又1/2大匙
- 醬油、味醂…各2/3大匙

製作方式

1. 將冬粉依照包裝指示水煮好。豆芽菜及紅色甜椒水煮後瀝乾。香菜切成大段。
2. 將材料A搭配在一起製作成醬料。
3. 將所有材料放入大碗中攪拌在一起，混入步驟2的醬料後裝盤。

Mapo Tofu
麻婆豆腐

材料　2人分

大豆素肉（顆粒款）…20g（泡發）
炸油…適量
A
- 生薑…1片（剁碎）
- 長蔥…5cm（15g．剁碎）
- 大蒜…½片（剁碎）

麻油…適量
乾香菇（泡發）…2朵（剁小塊）
豆瓣醬…½小匙
B
- 香菇高湯…100ml
- 木棉豆腐…200g（切成小塊）
- 酒…1大匙
- 醬油…2小匙
- 白醬油…1小匙

太白粉…½小匙（用3倍量的水化開）
韭菜…2支（切小段）
花椒油…右列適量

製作方式

1. 素炸大豆素肉。
2. 在平底鍋中以熱麻油拌炒材料A。
3. 爆香以後加入乾香菇及豆瓣醬拌炒，添加材料B。
4. 沸騰之後以小火煮1～2分鐘，等到豆腐溫透了就灑上韭菜並以用水泡開的太白粉增添濃稠度。
5. 依喜好添加花椒油。

花椒油

●材料　容易製作的分量（110ml左右）
花椒（整顆）…20g
米油…100g

●製作方式
1. 加入與花椒等量的熱水，包好保鮮膜靜置30分鐘。
2. 過濾後將花椒確實擦乾。
3. 將步驟2的花椒放入大碗等處，淋上熱油。
4. 靜置一晚後過濾使用。

Point 經常備著帶香料氣味的香料油

如果先預備好帶著香味蔬菜或香料氣味的香料油，就能為純植料理帶來口味變化。花椒油是將熱油淋上去製作而成，大蒜油、蔥油等則是用油緩緩加熱材料使其香味融於其中。

香菇的風味與大豆素肉的口感

讓麻婆比平常更加美味。

花椒油可以多放一些。

Vegan Chinese Dumplings

純植餃子

材料　15個量

大豆素肉（顆粒款）…20g（泡發）
炸油…適量

A
- 金針菇…40g（剁大段）
- 生薑、大蒜…各1片（剁碎）
- 高麗菜…小型1片（剁小塊）
- 韭菜…1支（10g・切小段）
- 醬油…1小匙

太白粉…1大匙
餃子皮…15片
麻油…適量

製作方式

1. 在鍋中熱炸油，快速炸一下大豆素肉（過油即可）。
2. 將材料A放入大碗中混合，等3分鐘使其入味後馬上擰乾。
3. 將步驟1與2的材料放在一起，用太白粉混合，以餃子皮包起。
4. 在平底鍋中抹麻油，把步驟3的餃子排在鍋中，以中火煎烤，等到外皮酥脆就淋上2大匙水、蓋上鍋蓋，蒸烤後完成。

金針菇是口味重點。
入口即化又多汁，
風味絕佳。

高野豆腐不調味，

煮到鬆軟。

做成雞蛋的樣子。

Vegan Fried Rice

雞蛋風味炒飯

材料 2人分

高野豆腐…2片
薑黃粉…½小匙
A 長蔥…10cm（30g・切小段）
A 大蒜、生薑…各2片（剁碎）
油…適量
紅蘿蔔…40g（剁小塊）
豌豆…40g（快速水煮過）
白飯…2碗量（320g）
B 鹽（建議使用帶有硫磺香氣的黑鹽）…½小匙
B 醬油…1小匙
B 胡椒…適量

製作方式

1. 將水蓋過高野豆腐之後開中火。
2. 燉煮大約5分鐘，變成鬆軟狀態之後添加薑黃粉，過濾網搗碎。
3. 在平底鍋中熱油，翻炒材料A。
4. 爆香之後加入紅蘿蔔、豌豆拌炒，過油後加入白飯拌炒，以材料B調味。
5. 將步驟2的材料混入後關火。

Point 將高野豆腐煮到軟綿當成雞蛋！

高野豆腐不調味，一直燉煮到失去原先的形狀就會變得非常柔軟。變成喜愛的柔軟度以後就添加醬油等改變鹹度，同時也不會再更軟。

綠咖哩可以

使用簡單材料做出來。

加上孜然等香料更加正統！

Spinach Green Curry

菠菜綠咖哩

材料　2人分

菠菜…¾把（150g・水煮後切段）
洋蔥…¾個（150g・剁碎）
番茄…½個（100g・切大塊）
生薑…1片（剁碎）
油…適量
水…260ml
鹽…½小匙
咖哩粉…2小匙
A
- 嫩豆腐…100g（撕小塊）
- 鹽…½小匙
- 檸檬汁…2大匙

印度烤餅…2片

製作方式

1. 在鍋中熱油拌炒洋蔥與生薑，洋蔥變透明以後就將菠菜與番茄一起拌炒，加入水後燉煮3分鐘。
2. 等到放涼就以食物處理機打成泥狀再放回鍋中，以鹽巴及咖哩粉調味。
3. 將預先混在一起的材料A瀝乾之後混入，搭配印度烤餅裝盤。

Vegetable Pakora

蔬食香炸雜菜

材料 2人分

迷你番茄…6個
青辣椒…5個
菠菜…1棵
A
- 鷹嘴豆粉…½杯
- 水…100ml
- 鹽、孜然粉…各¼小匙

炸油…適量
芫荽印度沾醬…右列適量

製作方式

1. 將材料A混合在一起做成麵衣。
2. 將蔬菜沾附步驟1的材料後以熱油油炸。
3. 裝盤後附上芫荽印度沾醬。

芫荽印度沾醬

● **材料** 容易製作的分量（120ml左右）

香菜…30g（剁大塊）
大蒜…1片（剁碎）
鹽…½小匙
水…¼杯
檸檬汁…2小匙

● **製作方式**

將所有材料放進攪拌機打在一起。

印度風的雜菜天婦羅。
材料用什麼都OK。
也可以用菇類。

Veggie Sabzis

3種印度風味蔬食

南瓜蔬食

材料 2人分

南瓜…100g（切為2cm塊狀）
A
- 卡宴辣椒…1撮
- 薑黃粉…1撮
- 鹽…¼小匙

油…2小匙
孜然籽、黃芥茉籽…各¼小匙
青辣椒…2個（切小段）

製作方式

1 將南瓜與材料A在大碗中拌勻，靜置5分鐘。

2 將油、孜然、黃芥末放入鍋中開中火，爆香之後放入步驟1的材料與綠辣椒混合。

3 添加50ml水（不在食譜分量內）後蓋上鍋蓋，蒸3分鐘。南瓜熟了以後就打開鍋蓋，收乾後關火。

馬鈴薯蔬食

材料 2人分

馬鈴薯…中型1個（100g・切為2cm塊狀）
A
- 卡宴辣椒…1撮
- 薑黃粉…1撮
- 鹽…¼小匙

油…2小匙
孜然籽、黃芥茉籽…各¼小匙
辣椒…1條（切小段）
洋蔥…20g（切薄片）

製作方式

1 將馬鈴薯與材料A在大碗中拌勻，靜置5分鐘。

2 將油、孜然、黃芥末、辣椒放入鍋中開中火，爆香之後放入步驟1的材料與洋蔥混合。

3 添加50ml水（不在食譜分量內）後蓋上鍋蓋，蒸3分鐘。馬鈴薯熟了以後就打開鍋蓋，收乾後關火。

秋葵蔬食

材料 2人分

秋葵…1包
油…2小匙
孜然籽、黃芥茉籽…各1撮
A
- 薑黃粉…少許
- 鹽…接近¼小匙

檸檬汁…½小匙

製作方式

1 加熱油、孜然、黃芥末，爆香後加入秋葵並蓋上鍋蓋。

2 蒸3分鐘後拿起鍋蓋，以材料A調味並拌入檸檬汁。

印度風味的蔬食可以當作日常小菜

是帶有香料風味的炒蔬菜。

也可以使用紅蘿蔔或者苦瓜。

看起來很難，

其實製作起來非常簡單。

包的方法也可以很隨興。

Samosa

咖哩角

材料　2人分

低筋麵粉…100g
鹽…¼小匙
油…2大匙
熱水…30ml
馬鈴薯…大型1顆（150g，切為1cm塊狀）
洋蔥…30g（剁小塊）
油…適量
A［孜然籽…¼小匙
　 芫荽籽…½小匙（碾碎）
薑黃粉…¼小匙
鹽…¼小匙
炸油…適量

製作方式

1. 將低筋麵粉與鹽巴放入大碗中混合。加入2大匙油攪拌後加入熱水，徹底混合後靜置。以保鮮膜包起，靜置30分鐘。
2. 在平底鍋中放入油及材料A開小火，爆香後翻炒洋蔥，軟了以後加入馬鈴薯。
3. 蓋上鍋蓋蒸一下，加入薑黃及鹽巴後關火，鋪在托盤上放涼。
4. 將步驟1的麵皮分成40g一球，搓圓後以擀麵棍推成15cm的圓形餅皮，切為半圓形。
5. 摺成圓錐狀以後填入步驟3的材料，沾水將袋口黏起。
6. 以熱油油炸。

薄荷芫荽印度沾醬

●材料　容易製作的分量

薄荷…1包
芫荽…20g（切大塊）
洋蔥…10g（剁碎）
生薑…½片（剁大塊）
檸檬汁…1大匙
鹽…¼小匙

●製作方式

將所有材料放進食物處理機當中攪拌。

Bibimbap

韓式拌飯

材料 2人分

油豆腐…1片（50g．切細絲後烤到酥脆）

＜涼拌豆芽菜＞

- 帶豆豆芽菜…½袋（快速汆燙）
- A
  - 鹽…1撮
  - 蒜泥…少許
  - 麻油…1小匙

＜涼拌紅蘿蔔＞

- 紅蘿蔔…小型1條（100g．切絲後快速汆燙）
- B
  - 鹽…¼小匙
  - 碎芝麻…2小匙
  - 麻油…2小匙

＜涼拌菠菜＞

- 菠菜…½把（水煮後切大段）
- C
  - 鹽…少許
  - 醬油…½小匙
  - 麻油…1小匙

＜涼拌紫萁＞

- 水煮紫萁…1袋（80g．切為容易食用的大小）
- 麻油…1小匙
- 醬油…1小匙
- 碎白芝麻…1小匙

白飯…適量

攪拌即可的苦椒醬…適量

製作方式

1. 帶豆豆芽菜趁熱與材料A攪拌在一起。
2. 將紅蘿蔔與材料B拌在一起。
3. 將菠菜與材料C拌在一起。
4. 加熱麻油翻炒紫萁，以醬油及碎白芝麻調味。
5. 盛好白飯後美麗裝盛油豆腐及步驟1～4的材料，附上攪拌即可的苦椒醬。

攪拌即可的苦椒醬

●材料　容易製作的分量（接近150ml）

甜酒…100g

味噌…2大匙

韓國辣椒…10g

●製作方式

將所有材料拌在一起。

Point 簡單卻又正統。可以做起來放。

原本製作苦椒醬要先讓糯米發酵等，但只要將甜酒與味噌混合在一起，就能輕鬆製作出來。甜酒已經發酵完成，而味噌也是發酵調味料，因此只要搭配在一起就能調配出已經熟成的口味。也可以拿來炒菜或者作為拌醬。

就算沒有肉類，
色彩美麗也能讓人大飽口福。
也可以搭配當季蔬菜。

將大豆素肉炸過，
就能做出不輸肋排的分量。
沒有雞蛋也能鬆鬆綿綿。

Vegan Galbi Gukbap & Easy Kimchi

純植肋排泡飯&簡單泡菜

純植肋排泡飯

材料　1人分

大豆素肉（塊狀款）…15g（泡發）

A
- 醬油、酒…各1小匙
- 麻油…1小匙

太白粉…適量

炸油…適量

蘿蔔…50g（切短條）

紅蘿蔔…¼條（切短條）

香菇…1片（切薄片）

長蔥…½根（50g，斜切薄片）

大蒜…1片（切薄片）

香菇高湯…400ml

B
- 白醬油…2小匙
- 苦椒醬…1大匙
- 醬油…1小匙

山藥…80g（磨成泥）

白飯…1碗量

製作方式

1. 將大豆素肉切為薄片，以調味料A搓揉後靜置5分鐘。
2. 將步驟1的材料沾取太白粉，以熱油油炸。
3. 在鍋中熱油（不在食譜分量內）炒蔬菜，整體過火以後加入香菇高湯，再加入步驟2的材料煮5分鐘左右。
4. 以材料B調味，放入山藥。
5. 白飯盛裝好以後淋上步驟4的材料。

簡單泡菜

材料　2人分

A
- 白菜…大型1片（100g，剁大塊）
- 蘿蔔絲乾…15g
- 大蒜…1片（剁碎）
- 韭菜…1根（10g，切小段）
- 鹽…½小匙

韓國辣椒…1小匙

製作方式

1. 將材料A放入塑膠袋中靜置10分鐘後擰乾。
2. 拌入韓國辣椒。

加了大量菇類的肉醬
比鵝肝做的醬料更清爽可口！
照燒豆腐也是
大家都喜愛的口味。

越南風味魚膾

照燒豆腐

豆漿蘑菇肉醬

Banh mi

越式三明治

製作方式

將15cm長的法國麵包切開，塗抹豆漿磨菇肉醬後，夾入照燒豆腐與越南風味魚膾。附上自己喜愛的香草蔬菜。

照燒豆腐

●材料　2人分

嫩豆腐…1塊
（300g・確實瀝乾）
醬油…2小匙
太白粉…適量
麻油…適量
A［味醂、醬油…各1大匙

●製作方式

1 將嫩豆腐切為容易食用的大小，淋上醬油後靜置15分鐘使其入味。

2 將步驟1的材料沾上太白粉後以平底鍋加熱麻油來煎。等到略呈金黃色後就淋上材料A並關火。

豆漿磨菇肉醬

●材料　2人分

A
- 鴻喜菇…60g（切掉蒂頭後撕開）
- 舞菇…40g（撕開）
- 大蒜（片狀）…2片

油…適量
鹽麴…1又$1/2$小匙
木棉豆腐…40g（確實瀝乾）

●製作方式

1 在平底鍋中以熱油拌炒材料A。

2 拌炒10分鐘左右將菇類生出的水分收乾後關火。

3 等到步驟2的材料稍微放涼後，與鹽麴、木棉豆腐一起放入食物處理機中打成粗泥狀。

越南風味魚膾

●材料　2人分

蘿蔔…150g（切絲）
紅蘿蔔…15g（切絲）
甜菜糖…少許

A
- 醋…1又$1/3$大匙
- 甜菜糖…20g
- 熱水…2小匙

●製作方式

1 將蘿蔔與紅蘿蔔放入大碗中，灑上少許甜菜糖使其入味。

2 將步驟1的材料稍微瀝乾，將材料A拌好以後與蘿蔔絲拌在一起使其入味。

Mango Pudding

芒果布丁

材料　2人分

冷凍芒果…100g
罐頭椰奶…¼罐
檸檬汁…1小匙
砂糖…2匙
寒天粉…1.5g

製作方式

1. 將所有材料放入食物處理機中打碎，再放到鍋裡加熱。
2. 沸騰之後關火，盛裝到容器中等待其冷卻凝固。
3. 隨喜好裝飾薄荷。

Che

越式甜湯

材料　2人分

地瓜…150g
椰奶…200ml
豆漿…100ml
甜菜糖…2大匙
鹽…1撮
西谷米…30g（水煮後以冷水冰鎮收縮）

製作方式

1 將地瓜切成一口大小蒸熟。

2 將椰奶與豆漿放入鍋中以中火加熱。

3 放入步驟1的地瓜、甜菜糖及鹽巴，稍微煮一下。

4 等到步驟3的材料完全冷卻後，與西谷米一起盛裝至容器中。

Ingredients

輕鬆打造純植料理食材清單

只用超市便能買到的材料，
也能做出種類繁多的純植料理。但若能使用以下列出的
專用材料或者調味料，能更加拓展菜色的廣泛性。

大豆素肉

取代肉類的方便材料。有乾燥狀態的、也有已經泡發且經過調味，形狀上則有顆粒狀的、薄片的、塊狀等各式各樣。這本書當中介紹的食譜是使用乾燥的產品，也可以尋找自己能輕鬆使用、喜歡的商品。

麵筋粉

這是將小麥磨成粉末製作成的商品。一般會混在麵包的麵團當中，素食或者蔬食料理中則會搓揉加熱後，活用其彈性作為取代肉類的材料。

丹貝

使用發酵大豆製作的印尼食材。不帶有納豆那種氣味，而且形狀是一整塊凝固的樣子，切大塊可以作成牛排風味的菜色、切薄片也能做成培根風味菜色，用來製作主菜非常方便。

酵母粉

這是以酵母菌製作的營養補助食品，具有令人聯想到堅果或者起司的獨特風味。素食或者蔬食料理當中，可以當成起司粉來灑上沙拉或者義大利麵上，為菜色增添風味。另外，也含有蔬食料理很容易缺乏的維他命B_{12}。

糊精

分解澱粉等產品製作成的食物纖維。無味無臭因此不會阻礙料理風味，又能為享用食品的人補充食物纖維。與油脂或者液體調味料等拌在一起會變成顆粒狀，因此也能做成馬上可使用的粉末調味料。可以在網路上購買。

鷹嘴豆粉

將鷹嘴豆磨成粉末製成，使用在印度料理的天婦羅等料理中。也會拿來使用在無麩質的鬆餅中作為黏著劑。風味比小麥粉等佳，常備家中為食物增添濃稠度非常方便。

白醬油

醬油是使用大豆製作的，白醬油則是釀造小麥製成的調味料。顏色很接近透明，烹調後不會變成棕色，因此製作日本料理希望顏色白一些的時候就使用白醬油。由於沒有大豆獨特的甘甜味，因此在素食料理當中也可以取代魚露打造東方料理。

甜菜糖／蔗糖

有許多人會考量白砂糖對身體不好而希望減少攝取量，因此在製作蔬食或者純植菜色的時候，經常會改使用甜菜糖或蔗糖。楓糖漿、楓糖、甜菜漿等個人喜愛的甜味調味料，除了甜點以外也能使用在料理當中。

Shops

可買到純植材料的店家

左頁介紹的材料，有些在超市或者
一般網路購物商店可以買到，不過若是專門的網路商店
就能馬上找到需要的東西，非常方便。

▶かるなぁ

https: //www.karuna.co.jp

包含大豆素肉在內，幾乎所有純植材料都能買到，是素食專門店家中的老店。也可以找到能搭配不使用五葷材料的東方素食用調味料等。

▶グリーンズベジタリアン

https: //greens-vegetarian.com

日本最大的蔬食、純植、植物基底專門的線上商店。有著已出貨20萬張訂單的業績。大豆素肉和冷凍食品等材料也一應俱全。

▶Vegewel Marché

https: //vegewel.com/ja/marche/

有許多大豆素肉等材料、即食食品、麵類及甜點等。也有定期出貨的服務，忙碌而無法前往購物的人也能獲得幫助。

▶ベジタリアン・ブッチャー

https: //www.thevegetarian-butcher-jap.com/shop/

全世界風行的植物素肉品牌在日本也能買到了。有各種大家喜歡的菜色，如炸雞塊風味料理、漢堡風味肉醬、火腿等。

▶TERRA FOODS

http: //www.terrafoods.co.jp

提到純植速食馬上就聯想到Terra Burger。可以購買植物性的漢堡肉醬（預定販賣）、植物性火腿、雞塊、豆漿製的起司等。

PROFILE

庄司泉（Shoji Izumi）

蔬菜料理家。日本蔬食學會會員。具備乾貨專家證照。各種食譜、雜誌、電視等都有介紹她的蔬菜料理及素食料理。她所設立的料理教室為日本第一個正統Vegan廚房工作室。傾力於開發中餐及外食料理的食譜與菜單監修。夢想是「除了時髦的咖啡廳以外，在便利商店、家庭餐廳、公司餐廳、學校餐廳、百貨公司美食街等處，也都能看到100%植物性的料理。」

http://shoji-izumi.tokyo

TITLE

純植料理美味攻略

STAFF

出版	瑞昇文化事業股份有限公司
作者	庄司泉
譯者	黃詩婷
總編輯	郭湘齡
責任編輯	張聿雯
文字編輯	蕭妤秦
美術編輯	許菩真
排版	二次方數位設計　翁慧玲
製版	明宏彩色照相製版有限公司
印刷	龍岡數位文化股份有限公司
法律顧問	立勤國際法律事務所　黃沛聲律師
戶名	瑞昇文化事業股份有限公司
劃撥帳號	19598343
地址	新北市中和區景平路464巷2弄1-4號
電話	(02)2945-3191
傳真	(02)2945-3190
網址	www.rising-books.com.tw
Mail	deepblue@rising-books.com.tw
初版日期	2021年4月
定價	420元

ORIGINAL JAPANESE EDITION STAFF

撮影	北川鉄雄、石田純子
スタイリング	坂上嘉代
ブックデザイン	細山田光宣、木寺 梓（細山田デザイン事務所）
文	太田 穣
調理補助	中村三津子、大平愛巳
撮影協力	UTUWA、AWABEES

國家圖書館出版品預行編目資料

純植料理美味攻略/庄司泉作；黃詩婷譯. -- 初版. -- 新北市：瑞昇文化事業股份有限公司, 2021.04
160面；18.2x24.5公分
譯自：Vegan recipe book
ISBN 978-986-401-481-1(平裝)
1.蔬菜食譜

427.3　　110003267

國內著作權保障，請勿翻印／如有破損或裝訂錯誤請寄回更換

《Vegan Recipe Book》
©Izumi Shoji, 2020
All rights reserved.
Original Japanese edition published by Kobunsha Co., Ltd.
Traditional Chinese translation rights arranged with Kobunsha Co., Ltd.